硅谷工程师教你Kubernetes：
CI/CD云应用实践

———————— 邱宏玮 / 著 ————————

清华大学出版社

北京

内 容 简 介

本书内容面向需要将 Kubernetes 与 CI/CD 集成的项目开发、部署和维护人员。CI/CD 过程的设计没有标准答案，当导入 Kubernetes 与云原生（Cloud Native）相关技术之后变化就更多了，而要如何从这个庞大、复杂的架构中设计出一套适合项目团队的解决方案更是难上加难。作者秉持"授人以鱼，不如授人以渔"的理念，重点不放在讲述一成不变的操作流程，而是传授如何从问题出发去探索和找到 Kubernetes 与 CI/CD 集成中会遇到的各种实际问题及可行的解决方案。只有掌握方法论，开发人员在面对未来复杂多变的云原生态上将 CI/CD 导入 Kubernetes 才能做到游刃有余。

本书为博硕文化股份有限公司授权出版发行的中文简体字版本。

北京市版权局著作权合同登记号　图字：01-2021-6300

本书封面贴有清华大学出版社防伪标签，无标签者不得销售。

图书在版编目（CIP）数据

硅谷工程师教你 Kubernetes：CI/CD 云应用实践/邱宏玮著.—北京：清华大学出版社，2021.12
ISBN 978-7-302-59641-7

Ⅰ．①硅… Ⅱ．①邱… Ⅲ．①Linux 操作系统—程序设计 Ⅳ．①TP316.85

中国版本图书馆 CIP 数据核字（2021）第 249668 号

责任编辑：夏毓彦
封面设计：王　翔
责任校对：闫秀华
责任印制：朱雨萌

出版发行：清华大学出版社
　　　　网　　址：http://www.tup.com.cn，http://www.wqbook.com
　　　　地　　址：北京清华大学学研大厦 A 座　　　　　　　邮　　编：100084
　　　　社 总 机：010-62770175　　　　　　　　　　　　　邮　　购：010-62786544
　　　　投稿与读者服务：010-62776969，c-service@tup.tsinghua.edu.cn
　　　　质量反馈：010-62772015，zhiliang@tup.tsinghua.edu.cn

印 装 者：小森印刷霸州有限公司
经　　销：全国新华书店
开　　本：170mm×230mm　　　　印　　张：11.75　　　　字　　数：291 千字
版　　次：2022 年 1 月第 1 版　　　　　　　　　　　　印　　次：2022 年 1 月第 1 次印刷
定　　价：59.00 元

产品编号：094341-01

前　言

　　从在NAS厂商用C++编写应用程序，到如今在硅谷开放网络基金会推广与开发SDN开源项目，我深切体会到，软件界要找到一个符合所有场景的解决方案，可能性微乎其微。在具体使用环境中，只要任何环节中有一个点不同，就可能翻转整个架构。

　　"取之于社会，用之于社会"是我一直以来秉持的理念。这样的信念支持我与伙伴们创建了两个网上社区：SDNDS-TW与CNTUG，作为供大家交流有关SDN（软件定义网络）及云原生（Cloud Native）经验知识的平台。正是因为找不到一个完美的解决方案，因而每个人自身的工作经验都是无可替代的，没有任何孰是孰非、孰优孰劣之分。因此，过去几年我很积极地与伙伴们定期聚会，邀请许多相同领域中的爱好者来分享自己的经验。我深信，每一次的经验交流只要能够让一个人受益其中，那么此次的分享交流就有价值。

　　除了通过社区让爱好者们有一个交流信息的平台外，我也极力推荐大家通过撰写文章的方式来分享经验。通过撰写文章，我们就会思考如何系统地表达自己的思维过程，让读者能够更加真切地理解作者的经验和心得；与此同时，在反复自我答疑的过程中会加深作者自己对该概念的理解，更能厘清自己的不足之处，使自己也受益匪浅。

　　基于这样的愿望，我创建了个人的博客网站（https://hwchiu.com），持续针对SDN、Linux、Cloud Native等相关领域分享我的学习笔记。除了帮助自己复习相关概念外，也期许自己的文章能在互联网的世界中帮助到更多的爱好者或用户，如同那些曾经撰写文章，使我获益良多的前辈一样。2020年年底，我尝试创建了属于自己的Facebook粉丝页：硅谷牛的耕田笔记。在粉丝页中，我会定期发布各种翻译文章，或者自己撰写的原创文章，与各位网友分享各种云计算的新知识。

　　此次因为铁人赛的机缘，让我有机会接触到图书出版这个领域，对我来说更是一个全新的挑战。我一直在思考，如果有机会出一本Kubernetes相关的图书，这本书应该是什么形式呢？就每年更新频度为3到4次的Kubernetes开发流程而言，任何书面出版的内容始终跟不上官方的这个更新速度，而其间最大的差异可能就是中英文版本的阅读习惯。鉴于此，我希望编写一本以思考为出发点的图书，毕竟Kubernetes的用法千奇百怪，不同行业的用法完全不同，其本身就是一个不存在"最佳解"的管理平台。

　　本书的内容并不包含Kubernetes这套容器管理平台的运行原理及其操作方法，因此读者需要对Kubernetes的使用与操作有一定的基础，了解它的基本概念。由于CNCF（Cloud Native Computing Foundation，云原生计算基金会简介）涉及的领域过于广泛，除了三大基本组件（计算、存储与网络）外，安全、部署、安装、监控等众多领域皆包含于此。不同项目的搭配就会产生不同的火花与用法，没有人有办法在这个世界上找出一个完美的适合所有领域的项目组合，因此我们在这方面需秉持"与其授人以鱼，不如授人以渔"的理念。本书着重介绍如何培养读者分析问题的思路，从思路中去探讨可行的解决方案，接着通过分析、测试与评估来找出最符合团队当前应用场景和需求的答案。

Kubernetes的特性使得它适用的领域众多，与其专注于单一领域的探讨，不如去研究所有领域都会面临的集成问题，也就是如何将Kubernetes集成到团队现有的DevOps文化中。更精准的说法是 CI/CD（Continuous Integration/Continuous Delivery，Continuous Deployment，即持续集成/持续交付，持续部署）该怎么设计，才能够让项目团队的所有成员都可以享受到 Kubernetes 带来的好处。

基于这个概念，本书将探讨CI/CD流程与Kubernetes集成中会遇到的各种困境，例如本地开发人员是否需要独立Kubernetes集群，CI过程是否需要Kubernetes来进行测试，以及CD的做法有哪些，GitOps与传统的CD部署方式又有什么不同。每个主题实际上都有为数不少的开源项目提供了解决方案，但也因为没有一个项目能够符合所有团队的需求，所以才会有这么多项目被开发出来。使用项目并不困难，困难的是如何从中挑选出一个适合自己的方案。

本书针对各个主题从3个层面去解析。首先厘清问题的本质，寻求解决方案时需要纳入思虑的项目，以及团队实战使用时可能会遇到何种困难。接着介绍数种可能的解决方案并分析每种解决方案带来的利弊。最后从中挑选一个解决方案作为范例，实际展示如何使用该项目并与Kubernetes集成。

本书更像是工具书，以实战中会遇到的各环节为基础去探讨如何取舍。千万不要直接复制本书中的使用范例用于团队的工作流程中，就如同书中一再强调的，本书希望带给读者的是如何去面对问题，接着培养读者思考问题的能力，从中找出一个适合自己团队的工作流程。

如何学习与使用新项目如今已经是大家都必须掌握的一种技能，不同的项目与架构层出不穷，唯有通过不断练习与思考，培养一套适合自己的思路流程才能在这瞬息万变的 Cloud Native领域中为团队带来最大的效益。

目　　录

第 1 章
探讨 DevOps 与 Kubernetes 的生态

DevOps这个词汇由来已久，这个单词是由Development与Operations两个单词组成的，探讨的是如何提升Dev（开发人员、测试人员）与Ops（系统运维人员、架构运维人员）之间的信息交流，通过整体流程的修正、共同语言的建立以及相关工具的使用，让团队有能力以更频繁且可靠的方式去更新与测试产品。

DevOps更为重要的是一种精神，并非一种固定的工作流程，这也意味着不同团队实现DevOps的方式也不同。团队的数量、人数的多寡、使用的云计算架构、产品方面等诸多条件都会影响最后要如何践行DevOps的精神。

一般来说，探讨如何实现DevOps时基本都会讲到CI/CD（Continuous Integration/Continuous Delivery，Continuous Deployment），也就是所谓的"持续集成/持续交付，持续部署"。

通过CI（持续集成）的流程，开发人员能够针对修改的程序代码进行自动化测试与构建，通过这些步骤帮助开发人员更快地发现错误并且改善软件质量，除了常见的应用程序源代码之外，技术文档的编写也可以套用CI的方法来帮忙改善内容，例如检查排版、错字。

当CI流程探讨完毕后，接着大家会探讨CD流程，开发人员所修改的程序代码可以自动部署到生产环境，这部分可以是测试环境，也可以是正式面对客户的环境。从细节来看，CD可以分成持续交付和持续部署两种类型。差异为最后更新时是否需要人为地介入进行手动核准。

通过CI/CD两者的结合，开发人员与运维人员可以提高生产力，将重复且反复的操作自动化，以避免任何人为疏失导致的失误，最终使得团队能够用更有效且稳定的方式进行产品的更新。

除了DevOps之外，另一个近年来影响软件开发非常大的技术是容器（Container），不论是开发人员还是运维人员，都可以通过容器来获得一致的运行环境。大部分人都是通过Docker这个软件体会到了容器的强大与好处。然而随着时间的推移，人们发现Docker对于多节点的管理与部署有点无能为力，正当大家苦恼到底该选择docker-swam还是其他解决方案时，Kubernetes横空出世。这套由Google根据内部经验重构后的开源容器管理平台吸引了全世界用户的眼球，其生态圈直至2020年都处于蓬勃发展的阶段。特别是当Apple公司于2020年底的KubeConf上宣布将在内部架构大量采用Kubernetes后，整个生态圈对于Kubernetes的信心更加水涨船高。

随着越来越多的团队使用Kubernetes作为容器管理平台，更多的服务以容器的方式部署其上。对于开发人员与运维人员来说，如何将DevOps集成到Kubernetes是一个全新的挑战，特别是已经熟稔的CI/CD流程该如何重构调整才能够符合Kubernetes架构并且保持过往的优点，让团队能够继续顺利使用。

≫ 1.1　Cloud Native 生态系统

在介绍Kubernetes之前，先来介绍一下CNCF[1]这个隶属于Linux Foundation的项目，该项目于2015年正式启动，用来促进整个容器生态系统技术的发展与推广。在该项目宣布成立之时，Kubernetes 1.0同时加入CNCF，成为该基金会迄今为止最知名的项目之一。CNCF项目特别针对云原生（Cloud Native[2]）这个名词给出了定义，摘自官方的说明如下：

云原生技术有利于各组织在公有云、私有云和混合云等新型动态环境中构建与运行可弹性扩展的应用。云原生的代表技术包括容器、服务网格（Service Mesh）、微服务（Micro Services）、不可变的基础设施以及声明式API。

这些技术能够打造出高容错性、易于管理以及便于观察的低耦合系统。结合可靠的自动化手段，云原生技术使工程师能够轻松地对系统进行频繁且可预测的重大变更。

CNCF致力于培育与维护一个中立的开源生态系统来推广云原生的相关技术，我们将通过最前瞻的模式、让这些创新科技为大众所用。

从上面的定义可以看到，CNCF内包括的技术非常多元，容器只是其中一个环节，而容器管理平台Kubernetes只是其中一个小项目。其官网还提供了整个CNCF的景观图[3]（Landscape），里面有众多景观图，例如Database、Streaming & Messaging、Application Definition & Image Build、Continuous Integration & Delivery、Scheduling & Orchestration等。

仅在CI/CD这个景观图中的相关项目就多达36个，对于技术人员来说，到底要怎么从中挑选一个适合自己团队的项目是一件非常困难的事情。即使一个项目从评估、测试到导入就需要花费不少时间，何况如今有36个项目，没有一个团队愿意给予这么多的时间去慢慢尝试。因此，笔者认为最重要的是培养解决问题的思路，当我们了解整个大框架与架构

1　https://www.cncf.io/

2　https://github.com/cncf/toc/blob/master/DEFINITION.md

3　https://landscape.cncf.io/

后，就可以快速地去评估每个项目，基于团队需求与项目的优缺点来进行筛选，最后从几个候选项目中选出解决方案。

≫ 1.2 CI/CD 可以怎么玩

DevOps根据不同团队与不同需求有多种实现方式。特别是当应用程序都容器化之后，要如何通过CI/CD流程导入Kubernetes中，这部分就有非常多的问题需要处理，例如应用程序该如何测试、测试完毕要如何创建容器、新版本的应用程序要如何部署到Kubernetes中等。

图1-1是一个参考流程，列出了从开发阶段到部署阶段，Kubernetes可能会扮演的角色，以及CI/CD Pipeline与之互动的角色。

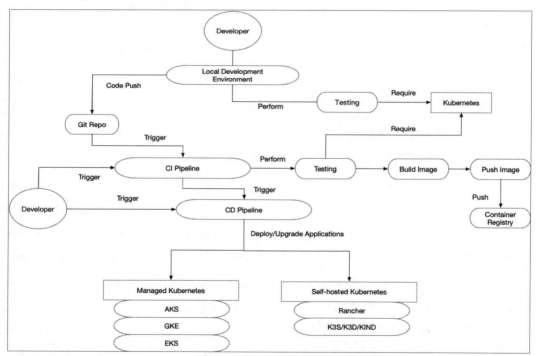

图 1-1　CI/CD 与 Kubernetes 的运行架构

图1-1的流程中有许多环节可以探讨，每个环节中都有不同的解决方案，这些环节包括：

- Kubernetes内的应用程序该如何打包，使用原生YAML还是Helm？
- 开发人员需要本地的Kubernetes来测试远端的Kubernetes吗？
- CI Pipeline系统要选择哪一套，该如何触发Pipeline？
- 在CI Pipeline过程中，需要Kubernetes来测试应用程序吗？
- 容器注册表要使用云端服务还是要自行搭建，自行搭建的话该怎么使用，以及如何与Kubernetes集成？
- CD Pipeline要选择哪套解决方案，Pipeline要如何被触发？
- 在CD Pipeline过程中，要怎么将应用程序更新到远端的Kubernetes？自行搭建的Kubernetes与云端Kubernetes的服务平台会有差别吗？
- 在CD更新过程中，如果有机密数据，该怎么处理？

接下来介绍和讨论上述环境（情况），每个环节都会包括下列流程：

- 概念介绍。
- 相关项目介绍。
- 使用范例。

如同先前提过的，CNCF内的景观图很广泛，每个景观图下又有数十个项目，我们没有时间去精通每个项目，也没有时间一直追踪所有项目的最新进度。在这种情况下，我们要做的是去理解每个可能的环节与步骤，去培养解决方案的思路，拥有这些基本的判断能力，就可以相对快速地去评估每个项目，针对其优缺点来思考是否符合需求，最后浓缩到特定几个候选项目来尝试即可。

● 作者提示 ●

如同 DevOps 是一种精神一样，图 1-1 的流程图不是唯一的流程图，而是一个范例，真正的运行流程会根据不同的环境与需求而有所差异，但是选择与设计解决方案的思路是不变的，通过培养思考的能力，才能够在遇到任何环境时都有办法构建出一套符合需求的解决流程。

≪≪ 硅谷经验分享 ≫≫

作为一名资深的工程师，大部分时候都不会有导师带领你，必须要自己主动地去探索问题，分析并给出一个简单的结论。举例来说，今天想要部署一个自行构建的容器仓库，是否有能力自己去探索各式各样的开源项目，分析其中的差异并且给出一个结论来告知大家，为什么要选择 A 而不是 B。

因此，在成长的路上要学会主动和独立地去面对问题，不要期望职业生涯道路上时时都会有人带着你前进。

第 2 章

Kubernetes 对象的管理与部署

使用过Kubernetes的人应该都知道如何通过YAML来管理Kubernetes内各种不同的资源对象，所有的官方文件也都是以YAML为范例来介绍如何学习和掌握Kubernetes。

官方网站中针对这个主题特别写了一系列文章[1]，文章内特别介绍了如何去管理Kubernetes，其中总共有5种方式，仔细分类又可以将其分成两大类型，分别是Imperative（命令式）与Declarative（声明式）。

对这两个概念不熟悉的读者，推荐在官方网站中查看，里面有针对这两个概念的详细介绍与丰富的范例。

● 作者提示 ●

建议所有读者花些时间去理解 Imperative 与 Declarative 这两个概念，因为这两个概念并不是 Kubernetes 所独有的，而是软件领域中通用的概念。在掌握这两个概念之后，再去学习其他不同领域的开源项目就会事半功倍。

上面提到Kubernetes中普遍习惯使用YAML来定义所有的内部资源，包括Deployment、Pod、ConfigMap、Service等。而一个实际能用的应用程序通常会由多种及多个Kubernetes对象来定义，因此接下来会使用应用程序这个词来表示多种及多个的Kubernetes对象。

对于一个应用程序来说，如果要将其部署到Kubernetes中，可以探讨的主题非常多，举例来说：

● 该应用程序是否需要散播给其他用户使用，其他用户属于相同的单位还是不同的单位？
● 该应用程序是否需要版本控制来提供不同的版本？
● 该应用程序是否需要根据不同的环境而有不同的设置？

接下来针对这些主题进行简单的探讨。

1. 应用程序发布

如果希望能够有一个便捷的系统与平台来帮助管理这些Kubernetes应用程序，让所有的用户都可以通过类似apt install、pip install等命令或工具来安装与下载由世界各地的开发人员开发与维护的应用程序，我们需要一个机制来给Kubernetes应用程序打包，并且需要一个平台帮忙发布这些打包后的产物，同时还需要考虑以下问题：

---

1 https://kubernetes.io/docs/tasks/manage-kubernetes-objects/

- 文件帮助系统。如何让外部用户清楚地知道该怎么使用，以及使用时要注意什么。
- 依赖性系统。如果该应用程序本身又依赖其他应用程序，在这种情况下要让用户知道如何顺利地安装全部所需的资源对象。
- 安装系统。让开发人员和用户都能够方便地上传和下载这些应用程序，同时也能更轻松地安装、升级和卸载。

2. 版本控制

一个程序开发的过程通常都会伴随版本的变化，其所需要的Kubernetes对象也可能会有版本的差异，例如在不同版本间所使用的参数指令不同。

更极端的例子是1.0.0版本需要额外安装ConfigMap来提供信息，而2.0.0版本则去掉了这一需求。

Kubernetes应用程序本身也应该引入版本控制的概念，针对用户需求让用户可以快速切换到不同版本，这样使用时会更有弹性，也更加方便。

3. 定制化

定制化非常重要，特别对于Kubernetes这种基于YAML描述的对象来说，针对不同的使用环境，常常会需要不同的设置。例如同样一个Kubernetes Service，有的环境需要使用ClusterIP，而有些环境需要使用NodePort，甚至是LoadBalancer。

还要考虑应用程序是否有办法让用户很方便地进行定制化的设置，定制化的同时还要考虑如何将这些定制化保存起来，以利于后续的维护与修改。

4. 解决方案

了解了上述需求与问题之后，下一步就是寻找对应的解决方案。一个良好的习惯是在寻找解决方案之前先尝试独立思考，例如今天自己要设计一个解决方案，该如何去设计呢？未来如果找到一个好用的解决方案，可以从其架构去了解当初自己构想的蓝图是否有什么缺陷是需要改进的。因为之前先行思考和规划过，所以在这种好用的架构下的学习会让人印象更加深刻，能够真正地增长自己的知识。

回到正题，通过原生YAML来满足前述问题的解决方式就是搭配Git的版本控制。通过Git版本控制来帮助处理YAML文件的版本控制。知名的范例就是大部分Kubernetes用户都曾经尝试使用过的CNI解决方案——Flannel，其将全部YAML对象都写进单个文件，通过GitHub的方式来管理不同版本并且提供下载链接。

目前关注这一块的开源项目还是挺多的，例如Helm、Kustomize、Jsonnet、Ksonnet等，每个项目都采取不同的解决方案来帮助开发人员与运维人员去解决上述问题。

就笔者个人而言，Helm对于应用程序的发布与安装这部分做得很好，用户可以非常轻松地使用helm指令去下载各种各样已经打包好的Kubernetes应用程序，然而Helm因为Template的语法设计也引起部分人的诟病。针对这种情况，可以尝试使用Kustomize、Jsonnet等不同的解决方案。

没有绝对完美的一套解决方案，需要基于应用场景进行取舍，这也是为什么本书一直强调要有自我判断的能力，根据自我需求去评估每套解决方案并做出最终决定。

本书接下来会以Helm为范例介绍使用方法。对其他解决方案感兴趣的读者，建议参阅官方文章学习。

● 作者提示 ●

向读者推荐一种学习方式，每当遇到一些系统架构问题时，先不要着急地去寻找解决方案，取而代之的是自己尝试去思考：如果由你来设计一套解决方案，你会怎么设计？会有哪些组件，每个组件彼此的角色是什么，整个系统的框架会是什么样子的？接下来再去寻找已知的解决方案，最后将这个解决方案的架构与你思考的架构比较一番。通过这种方式可以去找出自己的盲点，也可以帮助自己更快了解这些解决方案的架构。

≪ 硅谷经验分享 ≫

笔者所在的公司专注于网络架构领域的开源项目，对于所有开发的软件，用户并不只是公司团队的成员，因此需要考虑世界各地对该项目有兴趣的用户与开发者。因此，如何发布与管理这些 Kubernetes YAML 就是一个需要考虑的问题。这也是前面一再强调的，每个解决方案都有自己适用的场景，没有一套解决方案可以完美地应对各种应用场景，如果真有的话，也就不会有这么多的解决方案了。

≫ 2.1　Helm 介绍

要了解一个项目的概念与用途，最快的方式就是阅读其官方介绍，通常这类介绍内容都会浓缩其精华，例如：

Helm helps you manage Kubernetes applications — Helm Charts help you define, install, and upgrade even the most complex Kubernetes application.

Charts are easy to create, version, share, and publish — so start using Helm and stop the copy-and-paste.

Helm is a graduated project in the CNCF and is maintained by the Helm community.

官方简介表示Helm是用来管理Kubernetes应用程序的解决方案，能够帮助用户去定义、安装、升级各种各样复杂的应用程序。

通过Helm的机制，这些应用程序可以很轻松地以版本管理的方式去发布，借此减少各种复制、粘贴等难以管理的老旧方式。

如前所述，CNCF[1]内有各种各样的项目，Helm就是一个由Helm[2]社区专心维护的开源项目，该项目目前处于毕业状态，意味着其开发与使用程度已经达到一定的成熟度。

Helm的架构非常简单，以Kubernetes YAML文件为基础，在其上叠加一层抽象层。Helm的工具会专注于处理这个抽象层，根据应用场景最后产生出独一无二的Kubernetes YAML文件，并且把整包内容安装到Kubernetes内，如图2-1所示的范例。

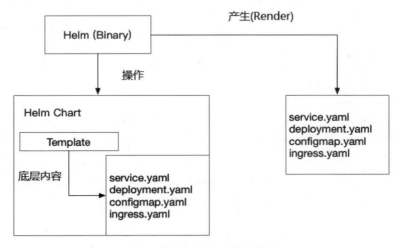

图 2-1　Helm Chart 的架构

1　https://www.cncf.io/projects/

2　https://github.com/helm/community

在Helm的架构下，所有的应用程序都会称为Helm Chart，里面包含但不限于下列内容：

- Helm Charts的信息，例如名称、版本号、使用方式、注意事项。
- Kubernetes YAML文件。

Helm所使用的YAML文件很像原生YAML语法的变体，其集成了基于Golang程序设计语言的Template架构。通过Template样板，Helm Chart可以根据参数产生不同内容的YAML文件。

举例来说，用户事先准备好一个deployment.yaml文件，里面通过Template的方式来描述镜像标记（Image Tag），但没有编写成固定不变的方式，这种情况下deployment.yaml是不能直接送到Kubernetes内部的，但是接下来通过helm指令搭配不同的配置文件，则可以根据不同的输入产生完全符合Kubernetes需求的YAML文件。

当Helm根据配置文件产生最后的YAML文件并且把它安装到Kubernetes内时，我们习惯称该安装的实例为Release，Helm、配置文件和部署实例之间的关系可以用图2-2来表示。

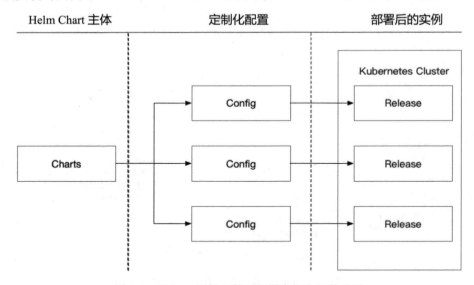

图 2-2　Helm、配置文件和部署实例之间的关系

举例来说，假设有一个Helm Chart想要产生3种不同的变化，我们会先额外准备3份设置内容，接着将这些设置内容与Helm Chart 结合并安装到Kubernetes中，这些安装后的产物就是Release。

● 作者提示 ●

2021 年，市面上的 Helm 还是普遍存在 Helm v2 与 Helm v3 两个版本，对于所有的新用户推荐使用 Helm v3。虽然这两个版本在使用习惯上不会有太大差别，但是当前官方的维护与开发都是基于 Helm v3 版本的，为了避免未来需要进行二次迁移，因此可以的话应避免使用 Helm v2 版本。对于已经使用了 Helm v2 版本的朋友，可以参阅官方教程[1]来学习如何迁移。官方网站[2]介绍了 Helm v2 和 Helm v3 的差异。

≫ 2.2　Helm 范例

前面提到了Template以及相关的概念，本节用实际范例来展示一下Helm Chart 实际上用起来会是什么样子的。

以下是一个Kubernetes Service的范例：

```
apiVersion: v1
kind: Service
metadata:
    name: example
    labels:
        app: example
spec:
  type: ClusterIP
  ports:
    - port: 80
    targetPort: http
    protocol: TCP
    name: http
selector:
    app.kubernetes.io/name: example
    app.kubernetes.io/instance: example
```

在正常情况下，如果想要让这个Service能够在不同的环境中有不同的设置，例如在测试环境中使用ClusterIP，在正式生产环境中使用LoadBalancer，一种解决办法就是复制该文件两份，各自维护，不过这种情况非常容易发生内容不一致而维护困难等问题。

1　https://helm.sh/docs/topics/v2_v3_migration/

2　https://v3.helm.sh/docs/faq/#changes-since-helm-2

```
apiVersion: v1
kind: Service
metadata:
```

Helm引入了Template的概念来解决这类问题，首先对上述YAML文件进行改造，修改为如下格式：

```
name: example
labels:
        app: example
spec:
    type: {{ .Values.service.type }}
    ports:
      - port: {{ .Values.service.port }}
      targetPort: http
      protocol: TCP
      name: http
selector:
      app.kubernetes.io/name: example
      app.kubernetes.io/instance: example
```

从修改的内容中可以看到大量采用了{{}}的格式来进行变量的替换，让这份YAML变成一个样板，用户后续可以通过不同的变量来替换这些{{}}，最后产生可以直接提交给Kubernetes使用的YAML文件。

举例来说，下列指令会产生一个名为name_service的Release，其中service.type会设置成clusterIP并且套用到Template内来产生最后的YAML文件：

```
$helm install name_service --set service.type=clusterIP .
```

Helm为了方便用户去部署与管理这些变量，除了每次都要输入一长串的--set指令外，还可以准备一个YAML文件，将所有要覆盖的数值都放在这个文件中，默认情况下该文件名为values.yaml。

● 作者提示 ●

这里提到的变量以及 values.yaml 就是前面章节提到的 config，通过基础的 Helm Charts 加上每个环境专用的变量文件，最后产生适合各个环境的 Release。

通过Template的方式为YAML带来弹性，让用户只要维护一份基础文件就可以针对不同应用场景产生不同的变量，避免多份文件的同步问题。

但是，实际上这种用法也带来了一些争议，主要是因为Template的用法十分多元，既可以使用基本的变量替换带来的各种变化，又可以使用if条件语句和for循环语句等。

因此，对于Template用法不够习惯的人，初次见到YAML中充满了{{}}，再加上众多不确定该如何使用的关键词，就很容易产生不知道该如何去维护与修改当前YAML文件的困惑，最后可能没有能力修改YAML文件。

• 作者提示 •

前面提到除了 Helm 以外，还有其他的解决方案，例如 Kustomize、Jsonnet 等，这些解决方案采用的方式都跟 Template 截然不同，所以使用时完全是不同的体验。很多人对于 Helm 的 Template 语法颇有意见，因此会使用这些非 Template 的解决方案，有兴趣的读者可以去研究研究。

≫ 2.3　创建第一个 Helm Chart

Helm（假设我们使用Helm v3）需要安装一个额外的命令行工具才可以使用，可以参考官方网站[1]来学习如何安装该指令工具。

不同平台有不同的安装方式，例如我们可以通过curl的方式抓取一个安装脚本并且执行：

```
$curl https://raw.githubusercontent.com/helm/helm/master /scripts/get-
helm-3 | bash
```

1. 第一个Helm Chart

安装完毕之后，接下来可以使用helm create指令创建一个范例Helm Chart，这条指令会帮助创建一个基于Nginx的应用程序，同时包含service等其他Kubernetes对象。

我们也可以通过这个基本的Helm Chart来学习一些基本用法。

1　https://helm.sh/docs/intro/install/

```
$ helm create ithome
$ tree ithome
├── Chart.yaml
├── charts
├── templates
│   ├── NOTES.txt
│   ├── _helpers.tpl
│   ├── deployment.yaml
│   ├── hpa.yaml
│   ├── ingress.yaml
│   ├── service.yaml
│   ├── serviceaccount.yaml
│   └── tests
│       └── test-connection.yaml
└── values.yaml
```

其中与Kubernetes有关的对象资源有5个，包含deployment.yaml、hpa.yaml、ingress.yaml、service.yaml、serviceaccount.yaml，这些YAML都采用Template的方式来达到定制化的功能。

此外，还可以看到最外面有一个values.yaml，里面包含各种各样的变量以及默认值。

```
└─$ cat values.yaml
# Default values for ithome.
# This is a YAML-formatted file.
# Declare variables to be passed into your templates.

replicaCount: 1
image:
  repository: nginx
  pullPolicy: IfNotPresent
  # Overrides the image tag whose default is the chart appVersion.
  tag: ""
...
```

接下来尝试将该Helm Chart安装到目标Kubernetes集群中，步骤如下：

步骤01 创建测试用的命名空间（Namespace）。

步骤02 将该 Helm Chart 安装到系统中的 ithome namespace，并且将该 Release 命名为 helm-test，且数据源 Helm Charts 是当前文件夹。

```
● 作者提示 ●
```

Helm 本身需要存取 Kubernetes 集群，也是使用 KUBECONFIG 等方式来设置访问权限的，因此运行 Helm 相关指令前必须先确保系统上已经有一个 KUBECONFIG，并且可以通过其连接到一个存在的 Kubernetes 集群。

```
$ kubectl create ns ithome-test
namespace/ithome-test created
$ helm install -n ithome-test helm-test ithome
NAME: helm-test
LAST DEPLOYED: Sun Jan 31 20:49:20 2021
NAMESPACE: ithome-test
STATUS: deployed
REVISION: 1
NOTES:
1. Get the application URL by running these commands:
    export POD_NAME=$(kubectl get pods --namespace ithome-test -l "app.
kubernetes.io/name=ithome,app.kubernetes.io/instance=helm-test" -o
jsonpath="{.items[0].metadata.name}")
    echo "Visit http://127.0.0.1:8080 to use your application"
    kubectl --namespace ithome-test port-forward $POD_NAME 8080:80
```

可以看到创建完毕之后，命令行显示出一些关于该Helm Chart的基本用法，这是开发人员想要告诉用户的使用指南，让用户可以更快速地使用这个Helm Chart。接着我们可以通过kubectl查看ithome-test这个命名空间内的资源。

```
$ kubectl -n ithome-test get all
NAME                             READY  STATUS   RESTARTS   AGE
pod/helm-test-ithome-66b74765-kw6sk 1/1   Running  0          2m2s
NAME                   TYPE      CLUSTER-IP     EXTERNAL-IP PORT(S) AGE
service/helm-test-ithome ClusterIP 10.71.190.158  <none>      80/TCP
2m3s
NAME                        READY UP-TO-DATE AVAILABLE AGE
deployment.apps/helm-test-ithome  1/1   1         1         2m3S
NAME                          DESIRED CURRENT READY AGE
replicaset.apps/helm-test-ithome-66b74765 1     1       1      2m3s
```

这里可以查看到安装进去的资源有Deployment、Pod、Service等，而且每个资源的名称开头都与我们所指定的Release名称（helm-test）有关系，这意味着我们可以使用Helm指令安装该Helm Chart多次并且指定不同的名称，最后产生的Kubernetes对象都会有不同的名称，因而不会发生名称冲突的问题。

> **● 作者提示 ●**
>
> 有兴趣的读者可以尝试使用 helm install 并且指定不同的名称，这时可以看到该命名空间产生全新的对象，而且每个对象名称的前缀都是 helm release 的名称。这部分主要是依靠 Template 来实现的，有兴趣的读者也可以查看这些对象的 YAML 写法。

2. Helm其他指令

在安装完毕之后，我们还可以通过helm指令来查看系统上安装了哪些Release，对应的指令是helm ls，如果当初安装的时候指定过命名空间，我们就可以通过-n的方式来指定命名空间：

```
$ helm -n ithome-test ls
NAME       NAMESPACE      REVISION      UPDATED
STATUS    CHART APP     VERSION
helm-test   ithome-test    1            2021-01-31 20:49:20.615687 -0800
PST    deployed      ithome-0.1.0    1.16.0
```

除此之外，也可以用helm get来查看Release上的各种数据：

```
$ helm get --help Usage:
helm get [command] Available Commands:
all         download all information for a named release
hooks       download all hooks for a named release
manifest    download the manifest for a named release
notes       download the notes for a named release
values      download the values file for a named release
```

这里展示了两个范例，分别是manifest和values，通过manifest我们可以看到Helm最后通过Template产生的真正Kubernetes资源的内容，也就是所有的YAML内容。

```
$ helm -n ithome-test get manifest helm-test
---
# Source: ithome/templates/serviceaccount.yaml
apiVersion: v1
kind: ServiceAccount
metadata:
    name: helm-test-ithome
```

```
labels:
    helm.sh/chart: ithome-0.1.0
    app.kubernetes.io/name: ithome
    app.kubernetes.io/instance: helm-test
    app.kubernetes.io/version: "1.16.0"
    app.kubernetes.io/managed-by: Helm
---
...
```

对于Helm安装了什么资源到Kubernetes中比较好奇的人，不妨试试这条指令。

≪ 硅谷经验分享 ≫

实际上很多时候在进行调试与安装时，都想在把应用程序真正安装到 Kubernetes 之前先进行查看，看看产生的 YAML 是否符合预期，毕竟 Template 的语法有时候不是那么的一目了然，特别是把定制化的设置放在配置文件中，当发现问题，要进行调试和错误排查时，有时候反而不知道该怎么做。因此，推荐在真正安装之前使用--dry-run这条指令，该指令会将定制化的配置文件与 Template 相结合，生成最后要安装到 Kubernetes 内的 YAML 文件，并将内容输出，这时并不会真正安装到 Kubernetes 内。推荐使用这种方式进行手动调试、错误排查与确认。

与helm get manifest相比，helm get values可以告诉用户当前的Release有哪些定制化的内容。

```
$ helm -n ithome-test get values helm-test USER-SUPPLIED VALUES:
null
```

根据这条指令，我们可以看到本次安装没有任何定制化的变动，采用的是values里面的数值。

```
$ helm -n ithome-test upgrade helm-test --set service.type=NodePort ithome
Release "helm-test" has been upgraded. Happy Helming!
NAME: helm-test
LAST DEPLOYED: Sun Jan 31 21:13:13 2021
NAMESPACE: ithome-test STATUS: deployed REVISION: 2
NOTES:
1. Get the application URL by running these commands:
export NODE_PORT=$(kubectl get --namespace ithome-test -o jsonpath=
"{.spec.ports[0].nodePort}" services helm-test-ithome)
```

```
    export NODE_IP=$(kubectl get nodes --namespace ithome-test -o
jsonpath="{.items[0].status.addresses[0].address}")
    echo http://$NODE_IP:$NODE_PORT
```

为了实际观察其变化，我们可以尝试升级正在运行的Release，并且给予不同的设置，可以通过helm upgrade指令来升级，并加上--set参数来覆盖掉values.yaml的内容。

在上述范例中，我们决定覆盖设置中的service type，将其改成NodePort，更新完成后，可以通过helm get manifest指令查看安装后的结果，也可以通过helm get values指令来查看定制化的内容。

```
$ helm -n ithome-test get values helm-test
USER-SUPPLIED VALUES:
service:
  type: NodePort
```

可以清楚地看到，当前运行的helm-test release有一个定制化的选项，就是我们前面输入的service.type。

Helm可以操作与设置的东西非常多，我们在这里采用的是默认范例，实际上要把Helm导入系统中，必须先经过学习Template的用法这个步骤，一开始要花不少时间学习如何编写、如何定制化以及如何使用。

在实践中还有很多要考虑的问题，例如信息中含有双引号，或信息本身是一个JSON字符串时，我们该怎么处理；Helm这套工具要如何与应用程序集成，开发人员和维护人员谁负责设置与维护该应用程序的Helm Chart。这部分并没有标准的答案，一切都取决于团队中的分工合作。

只有通过良好的沟通且团队间有共同的语言，这些新技术的导入才会顺利，才有办法发挥其强大的功能。

3. 散播与发布

使用Helm的一个好处是可以很轻松地把别人设计与准备好的Helm Chart安装到自己管理的Kubernetes集群中。举例来说，我们可以将别人准备好的Helm Chart服务器加入自己的搜索清单，并从中知道对方提供哪些Helm Chart可供我们使用。

```
$ helm repo add test https://prometheus-community.github.io/helm-charts
$ helm search repo test
```

```
NAME     CHART VERSION  APP VERSION  DESCRIPTION
test/alertmanager   0.5.0    v0.21.0 The Alertmanager handles alerts sent
by client ...
    test/kube-prometheus-stack 13.3.0  0.45.0  kube-prometheus- stack
collects Kubernetes manif...
    ...
```

上述指令代表的意思是，要将https://prometheus-community.github.io/helm-charts这个 Helm Charts的服务器加入本地的搜索服务器中，将其命名为test，并且尝试搜索所有含有test 单词的Helm Charts。

下一步是把该Helm Chart安装到Kubernetes中，可以使用以下指令来安装：

```
$ helm install test/alertmanager --generate-name
Released smiling-penguin
```

最后可以通过helm ls指令来查看当前安装在集群内的Helm Release：

```
$ helm ls
NAME                  VERSION UPDATED             STATUS   CHART
smiling-penguin 1     Wed Sep 28 12:59:46 2016 DEPLOYED mysql-0.1.0
```

≪≪　硅谷经验分享　≫≫

使用别人维护的 Helm Chart 正是 Helm Chart 迷人且吸引人的地方，可以让运维人员很方便地将各式各样的应用程序导入系统中。如果想要将制作好的 Helm Chart 分享给别人，可以参考 chartmuseum[1] 这个项目来学习如何架设一个 Helm Chart 的服务器，以及如何上传自己准备好的 Helm Chart。

---

1 https://github.com/helm/chartmuseum

第 3 章
Kubernetes 本地开发之道

对于一个应用程序开发人员来说，假如应用程序最后会通过Kubernetes去运行与维护，那么开发人员需要理解Kubernetes并且学会使用吗？

当团队开始导入Kubernetes时，上述问题基本上无法避免，这时候到底要用什么样的角度与思路去看待这个问题其实很重要，因为Kubernetes不像Docker一样轻量与简单，如果没有必要却又强迫所有开发人员去学习，反而会拖慢整体的开发流程。

在实践中，并不是所有的本地开发人员都需要一个独立的Kubernetes集群，但是如果符合下列需求之一，就可能需要创建一个本地的Kubernetes集群。

- 开发的应用程序与Kubernetes息息相关，例如该应用程序会用到Kubernetes API，这类应用程序需要部署到Kubernetes内才可以发挥其功能。
- 开发的应用程序需要用到一些Kubernetes的资源才能够看出差异，例如想确认Kubernetes HPA发生时应用程序是否能够如期运行。这类应用程序还需要有一个本地的Kubernetes集群才能测试。
- 开发人员本身是公司的基础设施运维人员，例如要设计Jenkins与Kubernetes的联动测试，可能需要在本地先进行相关测试之后才正式上线到公司的工作环境。好处是可以先不用开云端的机器，可以先省钱，都用虚拟机来测试相关功能。
- 开发的应用程序有很多依赖性，例如需要Redis、Kafka、Memcached等，这种情况下有一个本地的Kubernetes会比较方便。

实际应用的情况有数百种，上述只是列举了其中几个类型，最重要的还是团队要去思考：开发人员到底需不需要Kubernetes，能否使用Docker以及docker-compose来处理。如果深思熟虑后，确认真的有本地测试 Kubernetes的需求，那么我们就可以来思考：对于一个开发人员而言，希望怎么使用这个本地的Kubernetes。

对笔者个人而言，希望这套解决方案能够有以下特性：

- 易于设置与搭建，最好单击几个按钮就搞定了。
- 能够都用指令来完成，不需要有任何用户界面的介入。
- 希望可以模拟多节点的Kubernetes。
- 最好能够把上述一切都打包成一个脚本，而后通过执行一条命令就完成搭建工作。

接下来将探讨4套不同的开源软件，分别是Kubeadm、Minikube、KIND以及K3D，从这4套开源的安装程序来探讨其特性，以及是否符合上述4个需求。

> **• 作者提示 •**
>
> 每个人对于本地 Kubernetes 的需求不尽相同，因此第一步就是先厘清需求，从需求出发去寻找能够解决问题的开源项目，这样选择起来会更有方向，以及有支持的文档去说服团队为什么要使用这一套解决方案，而不是其他的解决方案，这中间的优劣有助于团队成员之间的讨论。

1. Kubeadm

Kubeadm是由官方维护的开源项目，提供了一种功能单纯、架构简单的安装方式。其本身会通过systemd的方式去维护Kubelet这个核心组件的生命周期，之后通过static pod的方式调用controller、scheduler、kube-proxy等Kubernetes核心组件。

Kubeadm本身的使用不算困难，可以通过kubeadm这条指令来完成所有操控，唯一需要注意的是安装完毕之后还需要手动把CNI安装到集群内，这样整个Kubernetes才算安装完毕。

Kubeadm本身也支持创建多节点的集群，只是在使用上没有这么方便，需要先创建Master节点，并且产生相对应的token/key，接下来其他节点使用kubeadm的指令加入已经创建的集群中。

此外，Kubeadm另一个困扰点是默认会为创立的节点打上一个Taint，标示该节点属于Master节点，因此在默认情况下，部署的计算资源（例如Deployment、Pod、DaemonSet等）没有办法顺利地运行起来，必须要参考文档的说明，通过kubectl的方式去掉该Taint，或者所有的资源都补上Toleration来覆盖掉这个Taint。作为一个测试环境来说，手动要处理的事情稍微多了些。

总体来说，Kubeadm能够满足上述要求，但是在实际工作中会稍显麻烦，特别是多节点的情况下还要处理token/key的问题。此外，CNI的安装也需要自己处理，不过作为一个单节点的测试环境，也算是容易上手的。

2. Minikube

Minikube是由Kubernetes官方维护的项目，其架构最初依赖于虚拟机的环境，通过虚拟机建立一个基本环境，并在这个环境中创建一个测试用的Kubernetes集群。

由于是基于虚拟机的架构，因此任何平台的开发人员都可以轻松使用。其目前的实现原理也相对简单明了，当虚拟机启动起来之后，会调用前面介绍过的Kubeadm来帮助创建后续的Kubernetes集群，并且帮我们把CNI等相关设置一次搞定。用户可以直接获得一个立即能使用的Kubernetes集群。

除了依赖虚拟机之外，Minikube也提供了不同的底层实现，例如可以直接在该机器上通过Kubeadm来创建，完全略过虚拟机的这个步骤，整个架构会变得和Kubeadm非常类似，比较大的差异是还会帮我们一同安装完成CNI。

Minikube相对于Kubeadm来说，最大的差异就是Minikube还包含自己的一套addons系统，可以让用户快速地把一些功能打包进去测试，例如Ingress等。

对于这个功能，笔者秉持中立的看法，好处是提供了一个环境让用户去测试功能，着实方便。不利的地方是，可能会让用户以为这些功能都是Kubernetes本来就有的，造成误解，甚至对于其背后的使用原理都不太清楚就草草学习完毕。

总体来说，Minikube也可以满足上述部分要求，对于多节点需要启动多个虚拟机来创建，消耗的资源相对多一点。

3. KIND

KIND的全名是Kubernetes In Docker，顾名思义就是把Kubernetes的节点都用Docker的方式来运行，每一个Docker容器就是一个Kubernetes节点，可以充当Worker，也可以充当Master。

使用方式非常简单，使用KIND的指令搭配一个配置文件就可以轻松地创建Kubernetes集群。由于全部的操作都是由KIND完成的，因此要创建多节点也非常简单，只要在配置文件中描述需要多少节点以及每个节点要扮演什么角色，接下来用一条指令就可以全部搞定。连CNI方面都不需要处理，KIND会直接创建一个可马上使用的多节点Kubernetes集群。

KIND的特色是用docker container指令来创建节点，并基于这些节点去创建一套Kubernetes集群，笔者认为KIND 非常适用于测试多节点，不过仅局限于测试使用而已，因为所有的节点都是基于同一台机器上的容器，所以性能方面可能会有所限制，故而千万不要将KIND用于测试以外的用途。

总体来说，KIND可以满足上述所有需求，多节点的部分用Docker来管理，在资源与启动速度方面都有良好的效果，搭配Vagrant就可以轻松创建一个多节点的虚拟机环境供测试者开发与测试，着实方便。

4. K3D

K3D的全名是K3S in Docker，K3S是一套由Rancher开发的Kubernetes发行版，其特色是一个轻量级的Kubernetes版本，适用于一些低计算资源的系统。

K3D直接将K3S移植到Docker中，让用户可以更方便地创建一个K3S集群。整个架构与使用方式与KIND相同，主要差别在于所创建的Kubernetes版本不同，KIND是基于原生的Kubernetes，而K3D是基于K3S。

使用方式简单，通过k3d这个指令工具就可以轻松地创建多节点的Kubernetes集群。此外，也可以通过该指令工具动态地增加节点，非常方便。

与KIND一样，CNI的部分也会一并被处理，所以用户只需要一条指令就可以处理所有的事情。总体来说，K3D可以满足上述所有要求，优点基本上与KIND类似，搭配Vagrant也可以轻松地创建多节点的模拟环境。

≪≪ 硅谷经验分享 ≫≫

基于容器的搭建方式对于部分测试环境来说非常友好，特别是一些 CI/CD Pipeline 系统可以创建以虚拟机为基础的环境。我们可以在该环境上通过这些指令动态创建 Kubernetes 并且运行相关测试。

● 作者提示 ●

再次提醒读者，不存在一套完美的解决方案可以符合所有应用场景与满足所有需求，正因为如此，才会涌现出这么多不同特色的项目。对于用户来说，最大的问题往往是要厘清自己的需求，从需求下手找到最适合自己的答案。

≫ 3.1　K3D 与 KIND 的部署示范

在前面的章节中探讨了本地开发对Kubernetes的需求，大部分情况下，开发人员都不需要使用Kubernetes，使用Docker或Docker Compose即可满足需求。假设真的有使用Kubernetes的必要性，前面的章节也列出了4种创建Kubernetes的方式，本节则来示范KIND和K3D两种创建方式。

3.1.1　K3D 示范

在前面的章节中提到K3D是由Rancher开发和维护的，其目的是将Rancher维护的轻量级Kubernetes版本K3S以基于Docker的形式提供给用户使用，这样通过Docker容器可以轻松地创建多个Kubernetes节点。有关更多的细节可参阅GitHub[1]网站。

1. 安装

K3D的所有操作都是用来自K3D的指令，因此第一步就是安装K3D这个指令工具，过程非常简单，可以使用curl的方式下载并执行一个官方准备好的安装脚本。

```
$ sudo curl -s https://raw.githubusercontent.com/rancher/k3d/main/
install.sh | bash
$ k3d
Usage:
  k3d [flags]
  k3d [command]
Available Commands:
  Cluster    Manage cluster(s)
```

2. 创建集群

创建集群（Cluster）非常简单，通过k3d cluster 命令可以看到与集群相关的指令，大部分指令在使用时都可以传入想要设置的集群的名称，如果不输入的话，则会使用默认的名称k3s-default。

```
$ k3d cluster
Manage cluster(s)
Usage:
  k3d cluster [flags]
  k3d cluster [command]
Available Commands:
  createCreate a new cluster
  deleteDelete cluster(s).
  list  List cluster(s)
...
```

接着通过k3d cluster create指令来创建一个Kubernetes集群，在默认情况下只会创建一个节点，可以通过-s的参数来调整节点的数量。

```
$ k3d cluster create -s 3
INFO[0000] Created network 'k3d-k3s-default'
```

---

1 https://github.com/rancher/k3d

```
INFO[0000] Created volume 'k3d-k3s-default-images'
INFO[0000] Creating initializing server node
INFO[0000] Creating node 'k3d-k3s-default-server-0'
INFO[0009] Creating node 'k3d-k3s-default-server-1'
INFO[0010] Creating node 'k3d-k3s-default-server-2'
INFO[0011] Creating LoadBalancer 'k3d-k3s-default-serverlb'
INFO[0018] Cluster 'k3s-default' created successfully!
INFO[0018] You can now use it like this:
kubectl cluster-info
```

创建完毕后，马上通过docker指令来查看系统上的信息，可以看到有不少容器被创建出来，不过数量比我们设置的还要多一个，其名称为**k3d-k3s-default-serverlb**。该节点可以用来与K3D内建的Ingress[1]集成，让开发人员可以快速地测试Traefik Ingress对象。

```
$ docker ps
CONTAINER ID    IMAGE                       COMMAND
CREATED         STATUS          PORTS              NAMES
b5903d159c73    rancher/k3d-proxy:v3.0.1    "/bin/sh -c nginx-pr…"
   42 minutes ago Up 42 minutes 80/tcp, 0.0.0.0:44429->6443/tcp
k3d-k3s-default-serverlb
aaa0cd077a51    rancher/k3s:v1.18.6-k3s1    "/bin/k3s server --t…"
   42 minutes ago Up 42 minutes          k3d-k3s-default-server-2
636968375fd2    rancher/k3s:v1.18.6-k3s1    "/bin/k3s server --t…"
   42 minutes ago Up 42 minutes          k3d-k3s-default-server-1
5bfb8b1c64bb rancher/k3s:v1.18.6-k3s1 "/bin/k3s server --c…"
   43 minutes ago Up 43 minutes          k3d-k3s-default-server-0
```

3. 存取Kubernetes

为了通过Kubectl存取Kubernetes集群，需要准备一份KUBECONFIG，该文件描述了如何与Kubernetes集群沟通，其中包含API Server的位置、用户名称以及认证信息。K3D提供了相关的指令来处理KUBECONFIG，方便用户存取。

```
$ k3d kubeconfig
Manage kubeconfig(s)

Usage:
  k3d kubeconfig [flags]
  k3d kubeconfig [command]
```

---

1 https://k3d.io/usage/guides/exposing_services/

```
Available Commands:
  get Print kubeconfig(s) from cluster(s).
  merge Write/Merge kubeconfig(s) from cluster(s) into new or
existing kubeconfig/file.
...
```

为了简化测试，我们可以直接使用k3d kubeconfig merge指令产生一个全新的文件，接着通过KUBECONFIG这个环境变量来指向这个生成的文件，让Kubectl通过KUBECONFIG来存取创建好的K3D集群。

```
$ k3d kubeconfig merge
/home/ubuntu/.k3d/kubeconfig-k3s-default.yaml
$ KUBECONFIG=~/.k3d/kubeconfig-k3s-default.yaml kubectl get nodes
NAME                         STATUS      ROLES     AGE     VERSION
k3d-k3s-default-server-2     Ready       master    50m     v1.18.6+k3s1
k3d-k3s-default-server-1     Ready       master    50m     v1.18.6+k3s1
k3d-k3s-default-server-0     Ready       master    50m     v1.18.6+k3s1
```

4. 动态新增节点

K3D有一个特色功能，就是可以动态新增节点，通过k3d node create指令即可动态新增节点。

```
$ k3d node create --role server hwchiu-test
$ k3d node list
NAME                         ROLE            CLUSTER         STATUS
k3d-hwchiu-test-0            server          k3s-default     running
k3d-k3s-default-server-0     server          k3s-default     running
k3d-k3s-default-server-1     server          k3s-default     running
k3d-k3s-default-server-2     server          k3s-default     running
k3d-k3s-default-serverlb     loadbalancer    k3s-default     running
$ KUBECONFIG=~/.k3d/kubeconfig-k3s-default.yaml kubectl get nodes
NAME                         STATUS      ROLES     AGE     VERSION
k3d-k3s-default-server-0     Ready       master    51m     v1.18.6+k3s1
k3d-k3s-default-server-2     Ready       master    51m     v1.18.6+k3s1
k3d-k3s-default-server-1     Ready       master    51m     v1.18.6+k3s1
k3d-hwchiu-test-0           Ready       master    9s      v1.18.6+k3s1
```

到目前为止，我们已经创建了一个具有4个节点的Kubernetes集群，并且能够直接使用Kubectl来操作。后续就可以使用Kubectl或Helm来部署应用程序并进行测试了。

3.1.2　KIND 示范

接着来示范基于 Docker 创建 Kubernetes 的安装工具 KIND，与 K3D 安装工具相比，KIND 安装的是原生的 Kubernetes 版本，它使用起来也非常简单。相关的介绍读者可参阅 GitHub 网站[1]。

1. 安装

KIND 的使用方式与 K3D 一样，都是通过一个指令工具来操作，因此必须先在系统中安装相关的工具。官方提供的安装方式有多种，这些安装方式都可以编写成脚本的形式来自动执行。

```
$ curl -Lo ./kind "https://github.com/kubernetes-
sigs/kind/releases/download/v0.7.0/kind-$(uname)-amd64"
$ chmod a+x ./kind
$ sudo mv ./kind /usr/local/bin/kind
$ kind
kind creates and manages local Kubernetes clusters using Docker
container 'nodes'

Usage:
  kind [command]

Available Commands:
 build      Build one of [base-image, node-image]
 completion Output shell completion code for the specified shell
 (bash or zsh)
 Create     Creates one of [cluster]
 Delete     Deletes one of [cluster]
 Export     Exports one of [kubeconfig, logs]
 get        Gets one of [clusters, nodes, kubeconfig]
 help       Help about any command
 load       Loads images into nodes
 version    Prints the kind CLI version
 ...
```

测试中最常用的指令为 create、delete 和 load。前两个指令专注于集群的管理，包含集群的创建与删除。后一个指令用于将本地的容器镜像（Container Image）复制到 Kubernetes 节

---

[1] https://github.com/kubernetes-sigs/kind

点中，也就是创建的Docker容器。如此一来，Kubernetes集群可以更快速地加载本地容器镜像，之后的章节会介绍它的具体用法。

2. 创建集群

通过kind create cluster指令可以快速创建具有单个节点的Kubernetes集群。如果想要创建更多节点，则要通过文件的方式告知KIND我们所期望的集群架构，不过事先需要准备好文件kind.yaml。

```
kind: Cluster
apiVersion: kind.sigs.k8s.io/v1alpha3
nodes:
- role: control-plane
- role: worker
- role: worker
```

该文件中描述这个Kubernetes集群需要3个节点，其中一个节点为control-plane，另外两个节点是worker。接着将该文件传入KIND。

```
$ kind create cluster --config kind.yaml
Creating cluster "kind" ...
    √ Ensuring node image (kindest/node:v1.17.0)
    √ Preparing nodes
    √ Writing configuration
    √ Starting control-plane
    √ Installing CNI
    √ Installing StorageClass
    √ Joining worker nodes
Set kubectl context to "kind-kind"
You can now use your cluster with:
kubectl cluster-info --context kind-kind

Have a question, bug, or feature request? Let us know!
https://kind.sigs.k8s.io/#community
```

创建完毕之后，再次使用docker指令来查看系统中的结果。不同于K3D的架构，KIND架构下并没有额外的load-balancer等容器，因此创建的容器数量与文件描述的一致。

```
$ docker ps
CONTAINER ID  IMAGE              COMMAND         CREATED
STATUS        PORTS              NAMES
97d7d804ea75  kindest/node:v1.17.0  "/usr/local/bin/entr…" 4 minutes ago
```

```
Up 4 minutes                                    kind-worker2
9085118d47b3  kindest/node:v1.17.0  "/usr/local/bin/entr…" 4 minutes ago
Up 4 minutes  127.0.0.1:32768->6443/tcp  kind-control-plane
b9eedb6d5f38 kindest/node:v1.17.0   "/usr/local/bin/entr…" 4 minutes ago
Up 4 minutes kind-worker
$ kubectl get nodes
NAME                    STATUS   ROLES    AGE    VERSION
kind-control-plane      Ready    master   13m    v1.17.0
kind-worker             Ready    <none>   12m    v1.17.0
kind-worker2            Ready    <none>   12m    v1.17.0
```

KIND创建完Kubernetes集群后，会自动把相关的KUBECONFIG写入默认路径下，也就是$home/.kube/config下，用户可以通过Kubectl来进行操作。

不同于K3D，KIND本身并没有办法动态增加节点，这个是它在使用上的限制，不过笔者认为该功能影响不大。毕竟作为一个本地测试的Kubernetes集群，有任何问题就删除重建即可，尤其整个架构都是基于Docker容器，重建的成本非常低。

≫ 3.2 本地开发 Kubernetes 应用程序的流程

在前面的章节中介绍了如何通过KIND和K3D等工具来创建一个本地的Kubernetes集群，当然也可以使用Kubeadm和Minikube工具，开发人员可以根据需求去选择。

当准备好Kubernetes集群后，下一个问题就是：对于一个需要使用Kubernetes集群的开发人员来说，其工作流程大抵上会是什么样的形式。

由于Kubernetes在默认情况下是一个容器管理平台，因此所有的应用程序都必须通过容器化这个步骤才能运行于Kubernetes中。本节将讲述以Docker作为本地开发使用的容器解决方案。

• 作者提示 •

Kubernetes 内是通过容器运行时接口（Container Runtime Interface，CRI）的架构来建立计算资源的，因此要让 Kubernetes 支持虚拟机是完全可行的，GitHub 上也有这类开源项目。Kubernetes 即将于未来的版本中不再默认使用 Docker 作为其容器解决方案，但是这并不表示我们不能使用 Docker 来继续与 Kubernetes 互动。相反，开放容器计划（Open Container Initiative，OCI）的标准使得 Docker 所创建的容器镜像依然可以继续在 Kubernetes 内使用。

作为一名开发人员，如果要将开发的应用程序部署到Kubernetes集群内，整个开发与测试流程会有下列步骤：

步骤01　修改应用程序源代码。

步骤02　借助 Dockerfile 的方式产生一个 Docker 容器镜像。

步骤03　通过原生 YAML 或 Helm 把上面产生的容器镜像部署到 Kubernetes 集群内。

步骤04　Kubernetes 集群根据设置去抓取容器镜像并运行。

在这4个步骤中，最为关键的就是步骤4，因为步骤2所创建的容器镜像还放在本地。如何让Kubernetes有效率地去存取这个容器镜像，会大大地影响开发人员的工作效率。一个简单明了的方式是步骤2完成后，直接将创建好的容器镜像推送到事先准备好的容器注册表（Container Registry），例如Docker Hub。

从功能方面来看，上述过程完全没有问题，但是就时间成本来看，还有很大的进步空间。每个容器镜像都需要先通过网络传送到Docker Hub，接下来Kubernetes从Docker Hub去抓取刚刚上传的容器镜像。

整个过程所花费的时间取决于容器镜像的大小以及环境中网络带宽的大小，这部分的影响就是开发人员需要花费时间去等待，因而大大地降低了开发人员的工作效率。

接下来，我们来看一下针对这个问题应该如何改善。

1. Kubeadm

如果采用的是Kubeadm这个部署方式，那么整个过程会变得非常简单，架构如图3-1所示。因为Kubeadm默认创建的是单节点的Kubernetes集群，只要开发环境与Kubeadm处于同一个操作系统上，那么整个文件系统就是共享的，没有特别处理的话容器镜像也会共享。

因此，创建完毕后的容器镜像可以让Kubernetes直接存取，开发人员要处理的只有步骤3，也就是去修改YAML内所描述的镜像名称。

具有这个便利性的前提是，开发人员使用的环境与Kubeadm搭建的环境在同一台机器上，如果Kubeadm创建了一个多节点的Kubernetes集群，那么大部分节点都无法直接存取开发人员的容器镜像，问题依然存在。

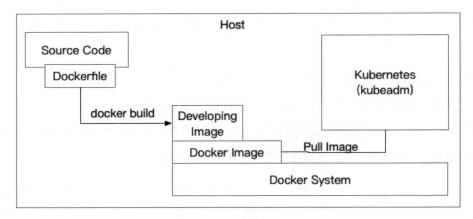

图 3-1　Kubeadm 架构下的开发流程

2. KIND/K3D

如果采用的是KIND/K3D这种基于Docker节点部署的Kubernetes集群，那么整个架构就完全不同，如图3-2所示。

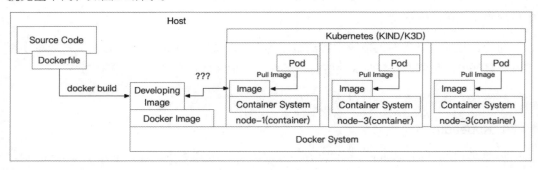

图 3-2　KIND/K3D 下的开发流程

Kubernetes集群建立在一系列的Docker容器上，每次部署计算资源时，都会尝试从本地节点上，也就是从Docker容器上去寻找相关的容器镜像。开发人员创建的容器镜像属于本地，因此整个解决思路就变得很清晰了。

如果有办法将本地产生的容器镜像复制到作为Kubernetes节点的Docker容器上，那么我们就有办法缩短整个等待时间，以优化开发流程。

此外，如果对KIND/K3D底层的技术有兴趣，可以研究一下Docker In Docker（DIND）这类技术，也正是因为有这套技术的存在，我们才有办法在Docker容器上运行其他的容器。

　　对于非常熟悉Docker文件系统设计的读者，可能会思考有没有办法直接把Docker镜像挂载到Kubernetes节点中来使用，这种思路没有问题，可惜的是遇到这类解决方案并不一定可以使用。

　　就使用KIND工具而言，KIND会通过Docker的方式在本地启动Kubernetes节点，而该节点（Docker容器）中是使用Containerd作为其容器解决方案，而不是使用Docker作为其容器解决方案，因此没有办法直接通过挂载的方式来分享Docker镜像。

　　KIND和K3D的开发人员都注意到这个开发流程的痛点，因此特别针对这个问题设计了解决方案。就使用KIND工具而言，其指令中有一个子指令名为image，通过该指令可以快速地把本地的容器镜像复制到KIND所创建的Kubernetes节点中。

```
$ kind load
Loads images into node from an archive or image on host
Usage:
    kind load [command]
Available Commands:
    docker-image Loads docker image from host into nodes
    image-archive Loads docker image from archive into nodes
Flags:
    -h, --help  help for load
Global Flags:
    --loglevel string      DEPRECATED: see -v instead
    -q, --quiet        silence all stderr output
    -v, --verbosity int32  info log verbosity

Use "kind load [command] --help" for more information about a command.
```

　　从上面的使用范例可以看到，KIND支持两种不同格式的容器镜像，一种是通过docker-image 从本地文件系统去加载，另一种则是通过image-archive去载入被打包好的文件。KIND会将这两种类型的镜像复制到Kubernetes节点中。

　　为了验证这个功能，我们首先查看一下在默认架构下Kubernetes节点中有哪些镜像。

```
$ docker exec -it kind-worker crictl image
IMAGE                              TAG        IMAGE ID
SIZE
```

```
docker.io/kindest/kindnetd              0.5.4   2186a1a396deb
113MB
docker.io/rancher/local-path-provisioner v0.0.11 9d12f9848b99f
36.5MB
k8s.gcr.io/coredns                      1.6.5   70f311871ae12
41.7MB
k8s.gcr.io/debian-base                  v2.0.0  9bd6154724425
53.9MB
k8s.gcr.io/etcd                         3.4.3-0 303ce5db0e90d
290MB
k8s.gcr.io/kube-apiserver               v1.17.0 134ad2332e042
144MB
k8s.gcr.io/kube-controller-manager      v1.17.0 7818d75a7d002
131MB
k8s.gcr.io/kube-proxy                   v1.17.0 551eaeb500fda
132MB
k8s.gcr.io/kube-scheduler               v1.17.0 09a204f38b41d
112MB
k8s.gcr.io/pause                        3.1     da86e6ba6ca19
746kB
```

如前文所述，KIND不使用Docker作为其底层解决方案，因此并没有Docker指令可以用，需要用Crictl这个工具。通过crictl image指令可以查看节点上的容器镜像，其中包含Kubernetes组件、Kindnet（CNI）以及local-path- provisioner（StorageClass）。

假设在本机环境中存在一个名为postgres:10.8的容器镜像，我们可以通过kind load指令将其传送到KIND集群中。

```
$ kind load docker-image postgres:10.8
Image: "postgres:10.8" with ID
"sha256:83986f6d271a23ee6200ee7857d1c1c8504febdb3550ea31be2cc387e2000
55e" not present on node "kind-worker2"
Image: "postgres:10.8" with ID
"sha256:83986f6d271a23ee6200ee7857d1c1c8504febdb3550ea31be2cc387e200055e"
not present on node "kind-control-plane"
Image: "postgres:10.8" with ID
"sha256:83986f6d271a23ee6200ee7857d1c1c8504febdb3550ea31be2cc387e200055e"
not present on node "kind-worker"
```

上述指令的执行结果清楚地表明远端节点当前没有postgres:10.8的容器镜像，而后才会开始执行复制操作，采用这种方式可以避免重复复制文件。与通过网络传输方式来完全复制文件相比，这种复制方式速度更快，不用多长时间就可以将该镜像加载到所有节点中。

一切运行完毕后，再次通过crictl指令来查看节点上的容器镜像。

```
$ docker exec -it kind-worker crictl image
IMAGE                                        TAG        IMAGE ID
SIZE
docker.io/kindest/kindnetd                   0.5.4      2186a1a396deb
113MB
docker.io/library/postgres                   10.8       83986f6d271a2
237MB
docker.io/rancher/local-path-provisioner v0.0.11 9d12f9848b99f
36.5MB
k8s.gcr.io/coredns                           1.6.5      70f311871ae12
41.7MB
k8s.gcr.io/debian-base                       v2.0.0     9bd6154724425
53.9MB
k8s.gcr.io/etcd                              3.4.3-0 303ce5db0e90d
290MB
k8s.gcr.io/kube-apiserver                    v1.17.0 134ad2332e042
144MB
k8s.gcr.io/kube-controller-manager       v1.17.0 7818d75a7d002
131MB
k8s.gcr.io/kube-proxy                        v1.17.0 551eaeb500fda
132MB
k8s.gcr.io/kube-scheduler                    v1.17.0 09a204f38b41d
112MB
k8s.gcr.io/pause                             3.1        da86e6ba6ca19
746kB
```

这时可以看到前面的postgres:10.8的容器镜像已经被顺利地加载到节点中，因此这时如果要求Kubernetes去部署postrgers:10.8的服务（前提是不能使用imagePullPolicy:Always），就会直接从本地抓取并顺利运行。

通过这种方式我们不需要将开发人员的容器镜像推送到远端的容器注册表（Container Registry），因而可以减少冗长的网络传输时间，避免工作效率降低。

《《 硅谷经验分享 》》

Mac平台的开发者可以启用Docker内建的Kubernetes集群。当启动这个功能后，Docker会在本地创建一个单节点的 Kubernetes 集群，这个 Kubernetes 集群可以直接存取由Docker 管理的所有容器镜像。

● 作者提示 ●

通过与Docker 共享镜像来达到快速使用的解决方案都有一个前提，那就是Kubernetes使用的CRI 是 Docker，因为只有这种情况下才可以共享资源。一旦 Kubernetes 的未来版本不再使用 Docker 作为其默认的解决方案，而改用其他的开源项目，例如Containerd、CRI-O 等，这种便利性就会消失，到时候要特别注意是否有替代方案。

≫ 3.3　Skaffold 本地开发与测试

在前面的章节中探讨了本地开发与Kubernetes可能的开发流程，使用不同的Kubernetes部署工具会有不同的结果，如果采用的是KIND/K3D这类工具，可通过相关指令帮助开发人员将本地测试的容器镜像加载到远端集群中，以提升整体的开发效率。

是否可以将上述流程自动化，让整体过程更为简单。可以通过一个脚本来运行所有指令，这样不但可以复制相关的容器镜像，还可以帮助修改相关的YAML/Helm，让Kubernetes直接加载测试用的容器镜像，尽全力地让开发人员不用执行任何手动指令。

鉴于此，本篇将介绍另一个开源工具Skaffold，来探讨我们如何通过这个工具来满足上述需求，让本地开发与测试能够尽可能地不被Kubernetes影响。

3.3.1　Skaffold 介绍

在学习一个新工具之前，第一件事就是仔细看一下这个工具的自我介绍，以快速了解该工具的定位以及要解决的问题等有用信息。

Skaffold是这样介绍自己的：

Skaffold is a command line tool that facilitates continuous development for Kubernetes-native applications. Skaffold handles the workflow for building, pushing, and deploying your application, and provides building blocks for creating CI/CD pipelines. This enables you to focus on iterating on your application locally while Skaffold continuously deploys to your local or remote Kubernetes cluster.

通过这段文字的描述，我们可以了解到Skaffold的基本特性如下：

- Skaffold是一个命令行工具，这意味着架构简单，使用不会太复杂。
- 提供了一套针对Kubernetes应用程序的开发流程，具有持续开发不被中断的特性。
- 开发流程包含许多步骤，包含构建、更新以及部署。
- 可以与CI/CD Pipeline集成。
- 让开发人员可以专注于本地开发，所有与Kubernetes有关的事项都让Skaffold来帮助完成，不论是远端还是本地的Kubernetes集群都能够让开发人员享受到持续开发流程所带来的高效率。

总结上述特性，我们可以想象Skaffold可以帮助开发人员完成：

- 自动创建容器镜像。
- 自动更新容器镜像。
- 自动修改 YAML/Helm中的字段并且更新到Kubernetes集群中。

前面探讨了4种部署Kubernetes的方式，下面来看一下Skaffold可以与哪些方式进行集成，表3-1列出了官方目前支持的本地Kubernetes集群，数据源来自于官方网站[1]。

表 3-1　Skaffold 支持的 Local Kubernetes 集群列表

Kubernetes 上下文	本地集群类型	注释
docker-desktop	Docker Desktop	
docker-for-desktop	Docker Desktop	此上下文名称已弃用
minikube	Minikube	
kind-(.*)	Kind	此模式用于 kind >= v0.6.0 时
(.*)@kind	Kind	此模式用于 kind < v0.6.0 时
k3d-(.*)	K3D	此模式用于 k3d >= v3.0.0 时

中间字段列出了目前所支持的Kubernetes集群有哪些，总共有4种，分别是Docker Desktop、Minikube、Kind、K3d，其中有3种在前面的章节中探讨过了。

左边字段代表的含义是，如果想要让Skaffold帮我们自动化集成这些Kubernetes集群，就必须通过Kubernetes Context来告诉Skaffold当前使用哪一套Kubernetes安装方案，这样Skaffold底层才会根据我们的目标集群来采用不同的处理方式。

1　https://skaffold.dev/docs/environment/local-cluster/

举例来说，如果当前的Kubernetes Context（使用环境或上下文）是kind-server，那么Skaffold就会根据这个名称去寻找，最后判定当前环境是使用KIND所创建的Kubernetes集群。如果当前的Kubernetes Context是minikube，就会判定当前环境是使用Minikube所创建的Kubernetes集群。

了解了Skaffold的基本概念后，接下来看一下Skaffold的架构（如图3-3所示，此图源自官方文档[1]），看看每个环节的具体功能。

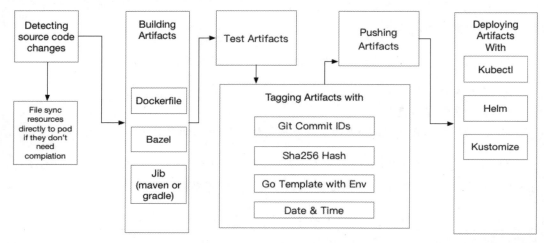

图 3-3　Skaffold 架构图

Skaffold强调的持续开发精神是由上述架构所完成的，其包含7大功能，接下来将针对这7大功能分别进行介绍。

1. 侦测源代码（Detecting Source Code）

如前文所述，Skaffold的作用是让开发人员专注于程序代码的开发，而后续的流程都让它来帮忙"搞定"，因此Skaffold内建侦测系统，当目录内的任何程序代码有所变动时，就会自动执行相关工作流程，这样对于用户来说，只需要保存程序文件，等待一点时间就可以在Kubernetes集群中看到最新的程序代码。

2. 文件同步（File Sync）

Skaffold支持一个特殊应用场景，如果我们的修改只是需要将相关文件复制到Kubernetes Pod中，并不需要重新启动该Pod，那么就可以使用File Sync的功能。当这个功

1　https://skaffold.dev/docs/design/

能开启时，Skaffold会先在本地打包该文件，再将文件传送到远端的Kubernetes Pod内，并将其解压缩。更多的操作范例建议读者参考官方文件[1]。

3. 构建产物（Building Artifacts）

当程序代码被侦测到有变动后，Skaffold就会开始执行构建步骤来产生相关产物。

Skaffold支持不同的构建类型，例如Dockerfile、Bazel、Jib Maven，甚至是自定义的脚本。

要特别强调的是，Dockerfile除了支持本地构建之外，也支持集成Google Cloud Build等Google的服务，读者若使用过Google Cloud Build，不妨用Skaffold来试试看。

4. 测试产物（Test Artifacts）

Skaffold使用container-structure-tests[2]这个框架来进行测试，可用来测试所有构建完毕但尚未部署到远端集群的产物，如果测试失败，Skaffold就会停止下来，不会将失败的产物部署到远端集群。

5. 标记产物（Tagging Artifacts）

当产物通过测试之后，假设这个产物是容器镜像，则下一个操作就是为该容器镜像打上一个专用的标记（Tag）。

Skaffold目前支持4种不同方式来设置容器镜像，分别是Git Commit IDs、Sha256 Hash、Go Template with Environment Variable Support以及Date & Time。

在默认情况下，Skaffold会使用Git Commit IDs这套逻辑来帮助设置镜像标记（Image Tag）。

6. 推送产物（Pushing Artifacts）

当容器镜像准备完毕后，下一个步骤就是将其推送到Kubernetes集群内。Skaffold会按照表3-1的方式去侦测当前使用的Kubernetes集群是由什么软件构建的，根据这个选项选择不同的方式把该容器镜像推送到远端节点。

1　https://skaffold.dev/docs/pipeline-stages/filesync/

2　https://github.com/GoogleContainerTools/container-structure-test

举例来说，如果侦测到的环境是由KIND创建的，就会使用kind指令推送到节点。如果侦测到的环境是使用K3D创建的，就会使用k3d指令推送到节点。

7. 部署产物（Deploying Artifacts）

最后一个步骤是将应用程序更新到Kubernetes集群中。Skaffold目前支持3种不同的应用程序管理工具，分别是Kubectl、Helm以及Kustomize。这3种工具基本上已经涵盖了大部分的应用场景，应该可以满足大部分的需求。

由于容器镜像标记也是由Skaffold处理的，因此Skaffold会将文件内的镜像标记换成前面所产生的容器镜像标记，并且将更新后的内容推送到Kubernetes内以完成更新。

3.3.2 Skaffold 的安装与使用

前文介绍Skaffold时提到过，Skaffold本身是一个命令行工具，所以安装与使用会相对简单，不需要安装任何的其他服务，只需要下载单个执行文件即可。接下来我们来看一下如何使用Skaffold以及使用之后的结果。

1. 安装

安装指令非常简单，可以通过curl的方式去下载，唯一要注意的是下载后的文件名以及相关权限的设置。

```
$ curl -Lo skaffold
https://storage.googleapis.com/skaffold/releases/latest/skaffold-linu
x-amd64
$ sudo install skaffold /usr/local/bin/
$ skaffold
A tool that facilitates continuous development for Kubernetes
applications.

Find more information at: https://skaffold.dev/docs/getting-started/

End-to-end pipelines:
 Run            Run a pipeline
 dev            Run a pipeline in development mode
 debug          [beta] Run a pipeline in debug mode

Pipeline building blocks for CI/CD:
 build          Build the artifacts
```

```
deploy          Deploy pre-built artifacts
delete          Delete the deployed application
render          [alpha] Perform all image builds, and output
rendered Kubernetes manifests
...
```

工具安装完成后，可以来测试看看Skaffold到底可以为开发人员带来什么样的体验。

2. Skaffold初步体验

为了完整体验Skaffold的功能，环境中要事先准备一套由Skaffold支持的Kubernetes集群，因此以下操作基于通过KIND工具创建的一套Kubernetes集群。

首先，要有一段开发中的程序代码，直接使用官方范例来测试。

```
git clone https://github.com/GoogleContainerTools/skaffold
cd skaffold/examples/getting-started
```

从前面的介绍中可以看到，Skaffold有7大不同的功能组件来处理整个开发流程，为了有效地控制与设置这7个功能组件，我们需要通过YAML的配置文件来描述期望的配置项。官方准备的范例环境中已经事先准备了相关的配置文件，其名称为skaffold.yaml。

```
$ cat skaffold.yaml
apiVersion: skaffold/v2beta7
kind: Config
build:
  artifacts:
  - image: skaffold-example
deploy:
  kubectl:
    manifests:
      - k8s-*
```

要注意的是，并不是这7个方面都需要进行设置，部分设置项若没有进行设置，则会采用默认设置值，例如标记容器镜像，有些设置项若没有设置，则会忽略，例如File Sync。

在上面的范例中设置了两大功能，分别是如何构建产物以及如何部署。构建部分指定的容器镜像叫作skaffold-example，而部署部分则是通过Kubectl来处理的，并把所有文件名符合k8s-*正则表达式的文件都更新到Kubernetes内。

前面提到支持多种构建方式，在不指明的情况下默认会使用Dockerfile来构建产物。

```
$ cat Dockerfile
FROM golang:1.12.9-alpine3.10 as builder
COPY main.go .
RUN go build -o /app main.go

FROM alpine:3.10
# Define GOTRACEBACK to mark this container as using the Go language runtime
# for `skaffold debug` (https://skaffold.dev/docs/workflows/debug/).
ENV GOTRACEBACK=single
CMD ["./app"]
COPY --from=builder /app .
```

由上述结果可以看到这个Dockerfile非常简单，没有太多复杂的操作。接下来看一下描述该应用程序的YAML中的内容是什么。

```
$ cat k8s-pod.yaml
apiVersion: v1
kind: Pod
metadata:
name: getting-started
spec:
containers:
- name: getting-started
  image: skaffold-example
```

这里可以看到该YAML文件非常简洁，没有过多的设置，就是创建一个Kubernetes Pod。

准备就绪后，我们直接通过skaffold指令来执行一次完整的工作流程，其包含4个基本步骤，分别是构建产物、标记容器镜像、更新容器镜像以及更新Kubernetes集群。由于一次工作流程会产生过多的输出信息，因此在下面逐步拆解来解释整个工作流程。

```
$ skaffold dev
Listing files to watch...
  - skaffold-example
Generating tags...
  - skaffold-example -> skaffold-example:v1.14.0-7-g677d665c3
Checking cache...
  - skaffold-example: Not found. Building
Found [kind-kind] context, using local docker daemon.
Building [skaffold-example]...
```

首先执行skaffold dev指令来运行一个完整的工作流程，在没有特别指定的情况下，会加载名为skaffold.yaml的配置文件。

从上述信息中可以看到一开始会先根据当前的branch和commit信息产生一组标记，通过KUBECONFIG可以看到当前使用的Kubernetes Context是kind-kind，接着开始构建容器镜像。

```
Sending build context to Docker daemon 3.072kB
Step 1/7 : FROM golang:1.12.9-alpine3.10 as builder
1.12.9-alpine3.10: Pulling from library/golang
...
Step 7/7 : COPY --from=builder /app .
---> 4dec7885d19b
Successfully built 4dec7885d19b
Successfully tagged skaffold-example:v1.14.0-7-g677d665c3
```

上述是一个 Docker 构建的过程，最后顺利地构建出 skaffold-example:v1.14.0-7-g677d665c3这个容器镜像，同时其容器镜像ID是4dec7885d19b。

```
Tags used in deployment:
- skaffold-example -> skaffold-
example:4dec7885d19bcf6a6fef2bc62c609390787a73be61501ad0bdaffd3b229fd9a5
Loading images into kind cluster nodes...
- skaffold-example:
4dec7885d19bcf6a6fef2bc62c609390787a73be61501ad0bdaffd3b229fd9a5 -> Loaded
Images loaded in 1.629866454s
```

构建镜像完毕后，下一个步骤就是更新，这里使用kind指令将上述步骤产生的容器镜像传送到远端节点。

```
Starting deploy...
- pod/getting-started created
Waiting for deployments to stabilize...
Deployments stabilized in 13.655262ms
Press Ctrl+C to exit
Watching for changes...
[getting-started] Hello world!
[getting-started] Hello world!
```

最后一步是动态修改YAML文件并使用Kubectl将该文件部署到Kubernetes中。

3. Skaffold二次尝试

上面通过skaffold dev指令执行一次完整的工作流程，当其执行完毕后，就会进入监控模式，开始侦测程序代码文件夹内的变动，只要有符合需求的文件有变动，就会将最新的程序代码部署到Kubernetes中。

在不关闭Skaffold的前提下，打开main.go这个文件进行修改，修改一下输出文字。

```go
package main
import (
        "fmt"
        "time"
)
func main() {
        for {
                fmt.Println("Hello world!-hwchiu-ithome")
                time.Sleep(time.Second * 1)
        }
}
```

在保存该文件后，可以看到Skaffold马上就会侦测到程序代码的变动，而后再次进行一次完整的工作流程。

```
[getting-started] Hello world!
[getting-started] Hello world!

Generating tags...
- skaffold-example -> skaffold-example:v1.14.0-7-g677d665c3-dirty
Checking cache...
- skaffold-example: Not found. Building
Found [kind-kind] context, using local docker daemon.
Building [skaffold-example]...
Sending build context to Docker daemon 3.072kB
Step 1/7 : FROM golang:1.12.9-alpine3.10 as builder
...
Successfully tagged skaffold-example:v1.14.0-7-g677d665c3-dirty
Tags used in deployment:
- skaffold-example -> skaffold-
example:a73f3a1b761b040dfab47ba89b145da88c517ec7d031c32e5d61cb5e3bf205d3
    Loading images into kind cluster nodes...
```

```
- skaffold-example:
a73f3a1b761b040dfab47ba89b145da88c517ec7d031c32e5d61cb5e3bf205d3 -> Loaded
  Images loaded in 1.327803742s
  Starting deploy...
  - pod/getting-started configured
  Waiting for deployments to stabilize...
  Deployments stabilized in 2.156854ms
  Watching for changes...
  [getting-started] Hello world!-hwchiu-ithome
```

从上述流程中可以看到，Skaffold 顺利地将修改后的程序代码成功地部署到 KIND 创建的 Kubernetes 集群中，并输出日志。

这就是 Skaffold 工具的操作流程，对这个工具感兴趣的读者不妨将其集成到常用的 Helm 或 Kustomize 等工具中，看看是否可以提升自己的开发效率。

<<<　硅谷经验分享　>>>

作者在接触 Skaffold 与 KIND 之前就通过不同工具组合出了一套类似的开发环境，当时通过 Kubeadm 的方式创建了一个测试用的 Kubernetes 集群，本地通过 GOMON 这套监控工具来监控程序代码，当有文件变动时就执行事先编写好的程序代码。Docker 方面则是通过 Remote 的方式去连接 Kubeadm 机器上的 Docker Daemon，因此构建完毕的 Docker 镜像会直接存储到远端的机器上，最后调用 helm − set image.tag 来更新相关应用程序。

第 **4** 章
Pipeline 系统介绍

在前面的章节中我们探讨了针对本地开发人员的各种主题，包含如何使用不同工具来创建Kubernetes集群、探讨工作流程以及使用Skaffold这个工具来尝试不同的开发体验。

探讨完本地开发人员的Kubernetes主题后，下一个主题是如何选择一个合适的Pipeline系统。目前市面上有非常多的解决方案，有的是免费开源的，有的是付费的，例如GitLab、Jenkins、CircleCI、TravisCI、TeamCity、GitHub Action等。

本章将探讨如何选择一个适合自己团队的Pipeline系统。由于市面上可选择的解决方案太多，因此与其直接选定一个固定方案，不如学习分析思考问题的思路，这样在不同团队与环境中才有能力挑选出符合需求的解决方案。

≫ 4.1　Pipeline 思路的选择

可选择的Pipeline系统很多，各自的功能也很多，特别是当需要将Pipeline系统与Kubernetes集成时，又需要考虑方方面面。评估一个合适的Pipeline系统是一件非常困难的事情，笔者建议从3个方向去思考，分别是该Pipeline如何部署，其提供的特色功能有哪些以及付费与否带来的差异性。

● 作者提示 ●

付费与否和如何部署是两个独立的议题，SaaS 服务可以是免费的，也可以是付费的，自行搭建的服务器也一样。举例来说，CircleCI 基于 SaaS 平台提供服务，小型团队可以使用免费版本满足基本的功能需求，如果有更多资源或功能的需求，可以升级成付费方案以获得更多的支持。但是，如果团队希望一切架构都是自己处理，也可以向CircleCI 团队咨询，探讨如何将 CircleCI 架设于自己的环境中，通过官方提供的安装方式将 CircleCI 架设于自己的服务器中。

4.1.1　部署方式

第一个要探讨的问题是该如何部署这个Pipeline系统，基本上可以分成两类：自行搭建服务和使用SaaS（Software as a Service，软件即服务）平台搭建。

1. 自行搭建服务

优点：

● 如果使用的是开源项目，就有机会通过修改程序代码来满足定制化的需求。

- 使用时具有弹性，扩展性佳，有机会根据需求去修正。
- 避免过度依赖厂商，未来如果有迁移需求，遇到的迁移问题会比较少。

缺点：

- 要自己维护Pipeline系统，需要考虑的问题包括高可用性、存储硬盘、网络性能等。
- 第三方集成不一定能满足自己的需求，需要自己研究与处理，甚至需要通过修改程序代码来满足自己的需求。
- 出问题时不一定有专业团队可以咨询，因而团队内必须安排工程人员专门负责维护这些系统。

其他要考虑的问题：

- 安全性不一定好。这部分取决于自行搭建的环境是基于公司内部机房还是外部的云计算环境，例如AWS或GCP。如果使用的是云计算环境，其实只是把安全的问题转移到云计算服务商而已。
- 成本不一定少。大部分自行搭建的软件没有月费的问题，但是底层的资源（例如服务器、硬盘、网络设备等）都需要投入经费，特别是还需要有工程人员专门负责这方面的工作，工程人员的薪水也是自行搭建的成本，不可忽略。

2. 使用SaaS平台搭建

优点：

- 不需要担心底层基础设施，服务提供商会负责提供所有网络硬盘存储等硬件资源。
- 大部分的SaaS平台都提供了相关的FAQ与咨询渠道，付费版本甚至提供了7×24的专业支持服务。
- 与第三方服务的集成度高，例如大部分的SaaS平台都与GitHub有良好的集成度，不需要太多的设置。
- 如果使用付费版本，成本通常容易估算。

缺点：

- 功能受限于SaaS服务提供商，部分功能可以通过花钱升级方案开启，部分功能则会由于平台的限制没有办法突破。
- 功能大部分受限于SaaS服务提供商，不一定有办法自我扩充。
- 容易过度依赖于厂商，一旦遇到问题就会有迁移的困扰。
- 服务的可用性无法自行掌握，例如当厂商遇到问题时，只能等厂商修复。

其他问题：

- 性能不一定比较差，这部分完全取决于使用方式与当前团队的选择。

4.1.2　特色探讨

每个Pipeline系统都会有不同的特性，然而这些特性并非适合所有的团队，所以评估时最重要的是先找出自己的需求，并确认该Pipeline系统能够满足需求。

因为Pipeline方案实在太多，没有办法列举出当前世界上所有系统的特色与功能，所以下面列出几个常见的，也是需求很广的特性。

- 通知系统。当工作成功或失败的时候，是否具有将工作结果通知到外部的服务，让运维人员可以被动地接收到结果，同时也可以更迅速地处理错误。
- 项目管理。该系统是否提供项目管理功能，以便让团队通过该系统同时满足管理和运维的需求。如果没有内建这个功能，是否可以集成一些知名平台，例如Jira。
- 用户管理。是否可以与常用的系统集成，例如LDAP、Windows AD、Google Suite、Crowd、OpenID。
- Pipeline as a Code（Pipeline即代码）。是否可以通过程序代码的方式来定义 Pipeline 中的设置，避免通过用户界面或指令来设置一切。
- 操作方式。提供何种方式供团队使用，对于开发人员来说，也许使用指令来查看与操作没有问题，但是对于非工程人员（例如项目经理或产品经理），能够有一个一目了然的用户界面是一个非常重要的特色。
- 文件完整性。使用时是否可以找到详细的帮助文件，同时文件的更新是否频繁，能否跟上软件最新版本更新的频度。
- 调试性。发生问题时该如何调试和错误排查，是否有容易咨询的渠道。
- 机密信息管理。是否提供了管理机密信息的功能，例如想要在Pipeline过程中存取一些重要内容，如数据库的账号和密码。
- 云计算集成度。鉴于目前使用云计算服务的团队越来越多，因此也要探讨系统本身是否提供了相关的集成功能。
- 支持的操作系统。除了常见的Linux外，是否还支持Windows、MacOS以及Android。

● 作者提示 ●

在实际应用中，有时候不会只选一套 Pipeline 系统来使用，根据公司大小会有不同的结果。公司过大时，每个项目可能会有自己的架构与自己合适的 Pipeline。因此，在挑选解决方案时如果没有办法找到一个 one-for-all（通用）的解决方案，就要考虑同时使用多套系统来满足整体的搭建与运维。

4.1.3 付费功能探讨

大部分的Pipeline解决方案都会提供免费版本与付费版本，在免费版本中会对一些常用的功能进行限制，这些限制可以通过付费来解除，举例来说：

- 同时可以运行多少个并行的工作。对于小团队来说，也许同时运行5个工作（任务或作业）就可以满足需求，但是当团队变大时，也许就要付费开启同时可以运行30个工作。

- 工作运行时间的限制。有些系统会限制工作的总运行时间，例如每个月只能运行10个小时的工作，需要付费把工作时间延长。

- 工作的超时上限。是指每个工作最多可以等多久。举例来说，假设有一个工作需要运行一个非常复杂的脚本，要花费30分钟，有些免费版本并不支持工作运行超过30分钟，这种情况下团队的脚本就无法顺利执行。

- 支持的平台与类型。支持的机器是基于虚拟机或容器。如果是虚拟机，那么是否支持不同的操作系统。

对于Pipeline来说，自行搭建与SaaS并不是只能二选一，很多解决方案同时提供两种服务。

在这种情况下，团队可以先行使用SaaS服务来评估，确认是否可以满足团队的所有需求，满意后再来思考下一个步骤，是要自行搭建版本还是继续使用SaaS服务。

接下来为了让操作更加便利，范例中会采取基于SaaS服务的免费系统，可供选择的系统有CircleCI、TravisCI以及GitHub Action。由于现在开发人员普遍喜欢将程序代码放到GitHub上，因此本章也将使用GitHub Action作为后续的操作环境。

≫ 4.2 探讨 CI Pipeline 与 Kubernetes

在前面的章节中探讨了关于Pipeline系统的选择，最后决定使用GitHub Action作为本节的范例。本节要探讨的是将持续集成（Continuous Integration，CI）与Kubernetes集群放在一起讨论时要注意的问题。

• 作者提示 •

本节的前提是应用程序本身希望在持续集成的过程中需要 Kubernetes 集群的支持。在实际应用中，并不是所有应用程序都需要 Kubernetes 集群，大部分应用程序可以和 Kubernetes 集群完整脱钩，但是少部分应用程序需要有 Kubernetes 集群。

要在Pipeline系统中通过连续集成的概念来集成应用程序与Kubernetes集群时，第一个遇到的问题是怎么存取Kubernetes。答案有两种：

- 在远端环境中搭建一个固定的Kubernetes集群，在Pipeline执行过程中去存取该Kubernetes集群。
- 在Pipeline执行过程中，动态产生一个全新的Kubernetes集群供连续集成相关步骤使用。

这两种方式各有其特色与优缺点，接下来看一下彼此的差异。

1. 远端固定的Kubernetes集群

此场景下远端会有一套或数套Kubernetes集群，该集群如何搭建与管理都不影响连续集成过程。主要用法是在Pipeline的连续集成过程中与该Kubernetes集群连接。

以图4-1为范例，假设要在Pipeline系统中设立一个关于连续集成的工作流程，当有任何程序代码发生改变时，都会触发这个工作流程的运行。

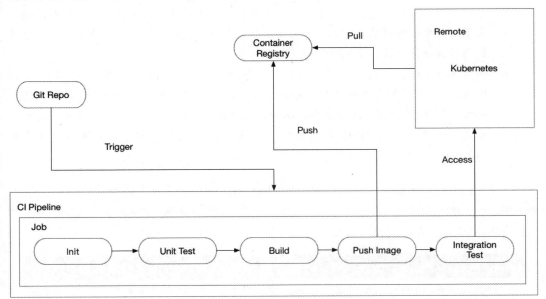

图 4-1　在 Pipeline 连续集成中连接远端 Kubernetes

举例来说，工作流程的第一步是执行初始化操作，诸如抓取程序代码切换到特定的流程分支。

接着进行一次简单的测试，这部分内容完全取决于应用程序本身，没有一个标准的格式与结果。

为了将该应用程序容器化，本地会通过Dockerfile的方式来构建相关的容器镜像，接着将该容器镜像推送到远端的容器注册表。最后，告知Kubernetes集群使用刚构建好的容器镜像并进行更广泛的应用测试。

● 作者提示 ●

上述工作流程只是一个范例，并非绝对和唯一的，不同团队的应用程序实际上使用的流程不尽相同，掌握整个工作流程的思路更为重要。

上述工作流程其实有一些潜在的问题，例如：

- 一个良好的测试应该要确保环境不被污染，即测试前后环境要完全一致，没有任何测试产物遗留在环境中。
- 如果该Pipeline同时支持多个工作的运行，是否会有多个程序代码被修改而触发多个测试同时进行，这种情况是否会产生非预期的测试结果，甚至测试环境被污染。
- 由于过程中已经将容器镜像推送到远端的容器注册表，若接下来测试失败，该容器镜像应该如何处理，是继续保留还是删除掉？
- 为了让 Pipeline 系统能存取 Kubernetes 集群，需要准备一份拥有足够权限的KUBECONFIG文件并用于连续集成的工作流程中，这对信息安全来说是一个隐患。如果该KUBECONFIG不慎流出，取得的人就有能力通过该文件去存取Kubernetes。如果没有事先通过RBAC来调整权限，默认使用KUBECONFIG文件的人都具有Admin权限，这就非常危险。

采用这种架构也是有一些优势的，Pipeline系统只要专注处理如何测试即可。至于Pipeline每次的工作到底是运行在虚拟机上还是容器中都没有关系，只要能够通过kubectl/helm等指令存取远端的Kubernetes集群即可。

● 作者提示 ●

熟悉 Kubernetes 的朋友都知道 Kubernetes 通过命名空间的概念来实现一种非常轻量级的多用户隔离，但要特别注意的是，并不是所有的资源都有命名空间概念，例如 CRD、PV 等是没有这些特性的。因此，想要通过命名空间来让 Kubernetes 同时处理多个连续集成工作，就要特别注意这些资源是否支持命名空间的特性。

---

2. Pipeline动态搭建Kubernetes集群

相较于固定存取一个远端的Kubernetes集群，如果想要动态创建Kubernetes集群，那么会有什么样不同的思路以及架构会是什么样子的呢？

下面用图4-2来说明整个架构。前半部分的工作流程与前面介绍的流程相同，只是当应用程序构建完容器镜像后，不需要马上将该镜像推送到远端。取而代之的是，在本地构建一个Kubernetes集群并开始进行测试。因为Kubernetes是动态在Pipeline过程中搭建的，所以有机会直接使用前面步骤所产生的容器镜像，这个过程可以消除网络访问造成的延迟。当测试通过后，就可以将该容器镜像推送给远端去进行更新。

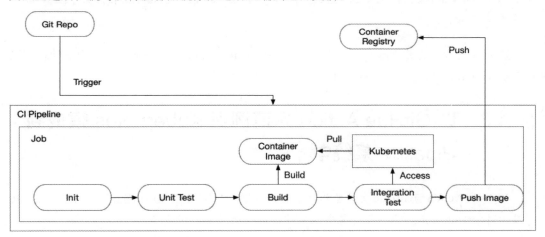

图 4-2　在 Pipeline 的持续集成过程中动态搭建 Kubernetes

在这种架构下，相较于前述方式优点如下：

- 由于Kubernetes都是独立产生的，因此即使有多个任务并行，每个环境都有自己独立的Kubernetes，资源不共享，也就不会有发生冲突的情况。
- 因为Kubernetes是动态产生的，所以使用的KUBECONFIG都会随着任务结束而无效并销毁掉，信息安全方面少了一个隐患。
- 容器镜像要通过测试才会推送到远端，避免了因为多次推送而造成网络延迟，消除了这方面的困扰。

一直以来都强调没有完美的解决方案，因此缺点也是有的：

- 测试失败时，不容易保存当前日志与环境供开发人员检查，导致调试和错误排查困难。

- 如果测试需要一些前置工作，这些前置工作不一定好准备，例如需要额外的文件系统，就需要很多额外服务的组合。
- 针对Pipeline系统，要思考如何方便地搭建Kubernetes，如果Pipeline环境是基于Docker的，问题就会变成要如何在Docker上创建 Kubernetes，相对于虚拟机来说，困难度更高，因此不是所有Pipeline系统都办得到的。

● 作者提示 ●

在前面章节中探讨过开发人员要如何部署以及测试 Kubernetes 集群，其中的思路与方式可以直接应用到 Pipeline 系统中，只要该系统提供虚拟机作为基本环境，我们就可以使用 kubeadm/kind/k3d 等工具来进行集成，甚至可以使用 Skaffold 来帮助管理容器镜像与测试。

这两种架构各有其优缺点，下面我们将在GitHub Action中使用第二个架构来动态创建一个Kubernetes集群，并通过kubectl指令来确认集群的状况。

≫ 4.3 以 GitHub Action 为范例把 Kubernetes 集成到 Pipeline 系统中

GitHub Action与GitHub项目有非常好的集成度，只需要在项目中提供一个配置文件就可以通过GitHub Action建立各种各样的工作流程来运行不同的任务。

GitHub Action的生态系中有非常多且丰富的扩充功能，开发人员可以将自己设置好的功能上传到GitHub Action的软件集市中供其他开发人员使用。在Kubernetes内可以查到不少相关的扩充功能，例如action-k3s[1]、kind[2]、setup-minikube[3]。

由于之前探讨过如何通过K3D、KIND来搭建Kubernetes集群，因此下面示范使用K3S这个工具来搭建一个轻量级的Kubernetes集群。

● 作者提示 ●

K3D 的全名是 K3S In Docker，因此 K3D 搭建出来的环境就是 K3S 这套 Kubernetes 发行版。

---

1 https://github.com/marketplace/actions/actions-k3s

2 https://github.com/marketplace/actions/kind-kubernetes-in-docker-action

3 https://github.com/marketplace/actions/setup-minikube

本节不会介绍太多关于GitHub Action的详细用法，有兴趣的读者可以参考官网的教学内容。其实使用起来非常简单，每个GitHub项目都只需要准备一个YAML文件即可搭建。

本节旨在与读者分享一个思路：如何在Pipeline系统中启动一个Kubernetes集群，有了这个想法与概念后，就有机会在自己团队的环境中使用这样的功能。当然，前提是团队的应用程序真的有在持续集成过程中运行Kubernetes的需求。

假设有一个GitHub上的项目，创建了一个位于.github/workflows/main.yml的文件，其内容如下：

```
name: CI
on:
  push:
    branches: [ master ]
  pull_request:
    branches: [ master ]
# A workflow run is made up of one or more jobs that can run sequentially
or in parallel
jobs:
  build:
    runs-on: ubuntu-latest
    steps:
      - uses: actions/checkout@v2
      - uses: debianmaster/actions-k3s@master
      id: k3s
      with:
        version: 'v1.18.2-k3s1'
    - run: |
      kubectl get nodes
      kubectl version
```

这是一个非常基本的GitHub Action使用范例，文件最前面的描述是指定在什么情况下触发GitHub Action，然后通过jobs去描述当工作被触发时要执行什么操作。

在默认情况下，GitHub Action会为用户创建虚拟机，并且在虚拟机上运行job内指定的操作。在该范例中先通过actions/checkout@v2这个扩充功能抓取程序代码，接着使用debianmaster/actions-k3s@master这个扩充功能创建Kubernetes集群。使用时可以搭配参数，例如期望的名称与Kubernetes版本。

最后通过run的方式编写想要使用的指令，通过Kubectl的基本操作来确认Kubernetes集群已经搭建完毕并且可在Pipeline的过程中使用。

● 作者提示 ●

如果基础环境不是虚拟机而是容器，创建 Kubernetes 就没有这么轻松简单了，这部分需要经过尝试才知道是否可行。

上述文件合并到项目后，就可以到GitHub项目页面通过Action按钮去查看相关的日志，如图4-3所示为项目的实际运行界面。

可以看到，action-k3s实际上就是通过docker指令创建一个基于K3S版本的Kubernetes，其中使用了一些环境变量指出产生的KUBECONFIG所在的位置，同时action-k3s的具体实现还会默默地帮系统设置KUBECONFIG这个环境变量，让之后的kubectl可以很顺利地直接与Kubernetes沟通。

图 4-3　GitHub Action 通过 K3S 创建 Kubernetes 集群

一切环境准备就绪后，接下来有任何与Kubernetes的互动都可以直接写进GitHub Action的main.yml文件中，以便应用程序可以与Kubernetes互动。

Kubernetes 创建完毕并不等于已经可以使用，对于 Kubernetes 来说，必须要等到节点的状态是就绪（Ready）之后才可以开始部署应用程序，因此必须在 Pipeline 系统中设置一些等待的功能，确保 Kubernetes 已经准备就绪才继续往下执行。更为重要的是，在实现等待功能时，最好加上超时（Timeout）条件以避免无止尽地等待，同时也要将相关的错误信息打印出来以方便后续的调试和错误排查。

≫ 4.4 Kubernetes 应用程序测试

前面探讨了如何在 Pipeline 的持续集成过程中创建一个 Kubernetes 集群，有了 Kubernetes 集群后，我们可以进行相关的测试，测试方面笔者认为可以分成两个层面：

- YAML文件的测试。
- 应用程序功能的测试。

由于应用程序功能的测试多种多样，无法一概而论，取决于应用程序的类型以及团队使用的测试框架，因此这里不再深入探讨。

YAML文件的测试则非常有趣，而且非常重要。对于所有的测试，都要先定义什么叫作"通过测试"，才有办法来编写测试，那么到底YAML文件可以进行什么测试呢？

笔者认为至少从4个方面去探讨：

- YAML格式合法与否，不考虑所有数值与内容是否有意义，单纯针对YAML的语法。格式不合法的YAML没有任何机会被推送到Kubernetes内。
- YAML 内容的数值是否有意义，这里的测试针对的是应用场景，例如针对Kubernetes的Pod，每个Pod都要描述containers这个字段，如果错写成conerstain，就YAML格式来说完全合法，但是就 Kubernetes Pod的规格来说则是完全没有意义的，因此我们还需要一种测试去检查当前的YAML是否符合Kubernetes的规范。
- YAML内容的数值是否符合团队规范，其测试是基于团队的规范，一个简单的范例是安全规范，例如希望所有部署到Kubernetes内的Pod都必须设置runAsUser来切换用户，在这种情况下不仅仅是格式与语义要符合标准，同时其意义也要符合团队的需求。
- 除了YAML 之外，现在也非常流行使用Helm的方式来打包应用程序，对于Helm这种以Template为基础的安装方式，要如何测试是值得探讨的。

4.4.1 YAML 测试

接下来将针对YAML格式、语义和语法测试来分别介绍可以使用的工具，如果可以将这些工具集成到CI Pipeline过程中，那么团队对所有的YAML文件就会有更高的信心，也可以避免任何错误或不合法的修改被合并到项目中。

1. Yamllint

如前所述，学习一个项目的第一步就是先看该项目的介绍，从中快速了解该项目的特性与用途，下面就来看一下这个名为Yamllint[1]的工具是怎么介绍的。

A linter for YAML files.

Yamllint does not only check for syntax validity, but for weirdnesses like key repetition and cosmetic problems such as lines length, trailing spaces, indentation, etc.

这个自我介绍表明，Yamllint是一套针对YAML格式的Linter工具，这个工具不仅检查格式是否合法，还会帮忙检查一些常见的小错误，例如key是否重复或者行末空格等小问题。

举例来说，假设我们有一个如下的YAML文件：

```
kind: Cluster
apiVersion: kind.sigs.k8s.io/v1alpha3
nodes:
  - role: control-plane
  - role: worker
  - role: worker
```

接着在其中增加一些错误，例如加入重复的key，同时修改排版格式，修改如下：

```
kind: Cluster
apiVersion: kind.sigs.k8s.io/v1alpha3
nodes:
  - role: control-plane
  - role: worker
  - role: worker
nodes: test
```

---

1 https://github.com/adrienverge/yamllint

在这种情况下，我们使用Yamllint工具对kind.yaml文件进行检查。

```
$ yamllint kind.yaml
kind.yaml
 1:1   warning  missing document start "---" (document-start)
 6:1   error    syntax error: expected <block end>, but found '-'
 7:1   error    duplication of key "nodes" in mapping (key-duplicates)
```

Yamllint这个工具给出了3行输出，第一行是警告，认为每个YAML文件的开头都需要有3个"---"来标注，通过"---"的标注，一个文件内可以同时拥有多个YAML资源，这种标注在Kubernetes相关的文件中很常见。

后面两行是我们故意制造出来的错误，提示信息明确指出文件的第6行与第7行有问题。第6行是因为缩进错误造成的问题，而第7行则是nodes这个key有重复。除了示范的这两种错误之外，常见的字符串格式问题，例如双引号或单引号使用不成对也都可以找出来，笔者推荐把这个工具集成到YAML相关的项目内。

● 作者提示 ●

Yamllint 的安装方式很简单，可以直接使用 pip 来安装，有兴趣的读者可以到官网查看相关说明。

2. Kubeval

使用Yamllint检查完YAML的格式之后，下面来看如何通过Kubeval[1]进行语义方面的检查。如同Yamllint一样，先看看Kubeval工具在官网是如何介绍的。

kubeval is a tool for validating a Kubernetes YAML or JSON configuration file. It does so using schemas generated from the Kubernetes OpenAPI specification, and therefore can validate schemas for multiple versions of Kubernetes.

上面的介绍中说明了Kubeval是专门用来处理Kubernetes资源的工具，支持YAML以及JSON。其背后通过Kubernetes OpenAPI的规格来确认YAML对象内的语义是否合乎Kubernetes的规范。

Kubeval的架构简单，独立的执行文件即可运行，因此安装过程不困难，举例如下：

---

1 https://github.com/instrumenta/kubeval

```
$ wget https://github.com/instrumenta/kubeval/releases/latest/
download/kubeval-linux-amd64.tar.gz
$ tar xf kubeval-linux-amd64.tar.gz
$ sudo cp kubeval /usr/local/bin
```

安装完毕后，先准备一个简单的 YAML 文件来描述 Kubernetes Pod 并将该文件命名为 pod.yaml。

```
apiVersion: v1
kind: Pod
metadata:
  name: getting-started
spec:
  containers:
  - name: getting-started
    image: hwchiu/netutils
```

针对这个合法的文件执行一次 kubeval：

```
$ ./kubeval pod.yaml
PASS - pod.yaml contains a valid Pod (getting-started)
```

得到的结果非常直白，该文件包含一个合法的 Kubernetes Pod，所以接下来手动修改 pod.yaml，让它具有一个不合法的 Pod 格式。

```
apiVersion: v1
kind: Pod
metadata:
    name: getting-started
spec:
    hwchiu: Kubeval-test
```

本次的修改有两处，首先删除了容器的所有内容，同时加入了一个不存在的 Key——hwchiu。

```
$ ./kubeval pod.yaml
WARN - pod.yaml contains an invalid Pod (getting-started) - containers:
containers is required
```

这次执行 kubeval 后收到一条警告信息，告知该文件是一个不合法的 Pod，原因是 containers（容器）这个字段是必不可少的，但是文件中没有。

自行增加的字段hwchiu却没有被检查出来，这是因为Kubeval在默认情况下不会检查多出来的字段，不过可以通过设置参数的方式告知这个工具要使用更严谨的方式去检查。

```
$ ./kubeval -h
Validate a Kubernetes YAML file against the relevant schema Usage:
kubeval <file> [file...] [flags]
Flags:
---（中间忽略）
    --strict    Disallow additional properties not in schema
    --version   version for kubeval
```

加入--strict的参数后重新运行一次：

```
$ ./kubeval --strict pod.yaml
WARN - pod.yaml contains an invalid Pod (getting-started) - containers:
containers is required
WARN - pod.yaml contains an invalid Pod (getting-started) - hwchiu:
Additional property hwchiuis not allowed
```

相对于上一次的执行，本次多了一个新的警告信息，告知hwchiu是一个多出来的字段，并不是Kubernetes Pod内的规范。

3. Conftest

通过前面两个工具的集成，我们可以对YAML进行语法与语义的测试，最后一部分则是更全面的强化，不但测试通过，YAML内容的意义也需要符合团队的需求。接下来向读者介绍Conftest[1]这个工具，一起来看如何通过此工具满足我们的需求。

如前文所述，先来看一下官方网站是怎么介绍的：

Conftest is a utility to help you write tests against structured configuration data. For instance you could write tests for your Kubernetes configurations, or Tekton pipeline definitions, Terraform code, Serverless configs or any other structured data.

要特别注意的是，Conftest适用的范围不只局限于Kubernetes，其支持的环境非常多，如Kubernetes、Tekton、Terraform等，很多都是知名的工具。只要团队的工作环境会使用到上述工具，就应该花点时间看看Conftest这个工具的使用。

---

1 https://github.com/open-policy-agent/conftest

不同于前面介绍的Yamllint、Kubeval，在使用Conftest前必须清楚地知道团队的规范，什么样的设置是符合团队需求的。接下来示范一下如何使用Conftest。

首先，在系统中安装该工具，该工具就是单个执行文件。

```
$ wget https://github.com/open-policy-agent/conftest/releases/
download/
v0.23.0/conftest_0.23.0_Linux_x86_64.tar.gz
$ tar xf conftest_0.23.0_Linux_x86_64.tar.gz
$ sudo cp conftest/usr/local/bin
```

接着为Kubernetes Pod准备一个简单的YAML文件。

```
apiVersion: v1
kind: Pod
metadata:
  name: getting-started
spec:
containers:
- name: getting-started
image: hwchiu/netutils
restartPolicy: Always
```

假设团队有一个要求，希望所有部署到Kubernetes内的Pod都必须满足两个规范：

- restartPolicy必须设置成Never。
- runAsNonRoot这个字段必须是True，要求所有的容器都要以非root的身份来执行。

有了这个明确的需求后，接下来要把这个需求转换成Conftest的设置格式。准备一个名为pod.rego的文件并将其放入policy文件夹中，该文件的内容如下：

```
$ cat policy/pod.rego package main

deny[msg] {
  input.kind = "Pod"
  not input.spec.securityContext.runAsNonRoot = true
  msg = "Containers must not run as root"
}

deny[msg] {
  input.kind = "Pod"
  not input.spec.restartPolicy = "Never"
  msg = "Pod never restart"
}
```

该设置范例中使用了deny（否定）的方式去描述两个规范，只要符合这些规范就会判别为不符合规格。这两个Policy中精准地设置了上述规范，针对**runAsNonRoot**以及**restartPolicy**进行设置，同时可以定制错误信息，让团队更容易理解是什么样的错误导致了失败。

```
$ conftest test pod.yaml -p policy/
FAIL - pod.yaml - Containers must not run as root
FAIL - pod.yaml - Pod never restart

2 tests, 0 passed, 0 warnings, 2 failures, 0 exceptions
```

通过Conftest工具把前面准备的pod.yaml以及事先设置好的配置文件一起传入并执行。结果很明确地告知有两个错误，这两个错误也完全符合我们的预期。接下来修改pod.yaml，让其符合需求并再次运行Conftest工具来检查。

```
$ cat pod.yaml
apiVersion: v1
kind: Pod
metadata:
  name: getting-started
spec:
  containers:
  - name: getting-started
    image: hwchiu/netutils
restartPolicy: Never
securityContext:
  runAsNonRoot: true

$ conftest test pod.yaml -p policy/

2 tests, 2 passed, 0 warnings, 0 failures, 0 exceptions
```

这次可以看到完美地通过了测试，没有发生任何错误。

<<< 硅谷经验分享 >>>

建议所有读者都尝试将这种类型的工具集成到 Pipeline 持续集成过程中，因为一个产品的运维工作不只是运行和维护程序代码的功能，如何部署该应用程序也是整个工作流程的一环。因此，对于部署相关的设置文件，如果能导入相关的检查机制确保每次的修改都不会导致产品运行失败，那么对整个团队来说更能提高产品的稳定性与整体效率，减少很多简单错误造成的反复修正，让这些问题在 Pipeline 中直接被检查出来。

4.4.2 Helm 测试

在前面的章节中讲述了如何使用3种不同的工具对YAML文件进行不同类型的测试，但是在实际工作中对Kubernetes的应用而言，有非常多的方式可以打包应用程序，例如之前提到的Helm、Kustomize等。

特别是Helm这种基于Template的设计会使得该文件很像YAML，但是不完全兼容YAML语法，如何对这类配置文件进行测试是一个不可避免的话题。

对于用Helm打包的应用程序来说，有两个方面需要探讨是否合法：

- Helm Chart本身的编写内容是否正确。
- Helm Chart搭配values后安装的YAML文件是否正确。

这些问题看起来颇麻烦，毕竟这些YAML正确与否包含前面章节探讨的3个方面（格式、语义和语法）。幸运的是，这个部分我们可以通过Helm工具来辅助完成并集成前面的工具。

Helm提供了一个template指令用于集成values的信息并且生成完整的YAML文件，有了这个文件后，就可以直接集成前面的3个工具。下面使用一个基本的Helm Chart来示范。

```
$ helm create testing
Creating testing
$ helm template --output-dir conf_test .
wrote conf_test/testing/templates/serviceaccount.yaml
wrote conf_test/testing/templates/service.yaml
wrote conf_test/testing/templates/deployment.yaml
wrote conf_test/testing/templates/tests/test-connection.yaml
$ yamllint conf_test/testing/templates/*.yaml
$ kubeval conf_test/testing/templates/*.yaml
PASS - testing/templates/deployment.yaml contains a valid Deployment
(RELEASE-NAME-testing)
PASS - testing/templates/service.yaml contains a valid Service
(RELEASE-NAME-testing)
PASS - testing/templates/serviceaccount.yaml contains a valid
ServiceAccount (RELEASE-NAME-testing)
```

首先通过helm create指令创建一个基本的Helm Chart，接着使用helm template指令生成YAML文件，并把它存放在文件夹conf_ test/$chart_name/template中。有了这些YAML内容后，就可以使用Yamllint、Kubeval甚至Conftest等工具进行测试。

如此一来，即使是通过Helm安装的应用程序也可以轻松地集成前面的工具来检查，以确保没有错误。

通过helm template指令还有一个好处就是，如果Helm Config有任何写错的地方而导致无法生成YAML文件，那么也易于找出相关的错误。

举例来说，尝试修改Helm Chart，把原生的toYaml函数的名称改为错误的名称，这时候再次执行helm template指令进行测试，就会发现无法生成YAML文件。

```
$ sed -i s'/toYaml/toYamll/' templates/deployment.yaml
→ helm template .
Error: parse error at (testing/templates/deployment.yaml:18): function
"toYamll" not defined

Use --debug flag to render out invalid YAML
```

除了helm template指令之外，Helm还提供了lint指令来帮助检查一些Helm本身的设置以及values.yaml的内容是否符合需求。

就Chart.yaml的内容而言，helm lint指令会进行基本的检查并给出一些建议，在默认情况下会推荐带有图标的URL（网址）供用户进一步查阅。

```
$ helm lint .
==> Linting .
[INFO] Chart.yaml: icon is recommended
1 chart(s) linted, 0 chart(s) failed
```

为了用helm lint指令来检查values.yaml文件，我们需要事先准备好规范，例如：

- image.pullPolcy　该项必须设置。
- image.pullPolicy　该项必须是一个字符串，且必须设置成Always。

将上述规则转换成配置文件，并存于values.schema.json中。

```
$ cat values.schema.json
{
    "$schema": "http://json-schema.org/schema#",
    "type": "object",
    "required": [
```

```
    "image"
    ],
    "properties": {
      "image": {
      "type": "object",
    "required": [
    "pullPolicy"
    ],
    "properties": {
      "pullPolicy": {
        "type": "string",
          "pattern": "^(Always)$"
        }
      }
    }
  }
}
```

```
$ helm lint
==> Linting .
[INFO] Chart.yaml: icon is recommended
[ERROR] values.yaml: - image.pullPolicy: Does not match pattern
'^(Always)$'

[ERROR] templates/: values don't meet the specifications of the schema(s)
in the following chart(s):
testing:
- image.pullPolicy: Does not match pattern '^(Always)$'

Error: 1 chart(s) linted, 1 chart(s) failed
```

执行 helm lint 指令后可以看到错误，这是因为 values.yaml 文件中的 image.pullPolicy 不符合规范。团队中如果对 Helm 也有检查的需求，可以考虑使用这个原生工具来帮忙检查。

除了上述提到的工具外，其实还有很多的开源工具可以参考，例如 kube-score、config-lint 等，有兴趣的读者可以自行研究。因为不存在一个工具可以满足所有的需求，每个工具都有自己的局限性与适用范围，所以团队必须花时间去评估每个工具，组合出适合团队使用的工具集合。

≪≪ 硅谷经验分享 ≫≫

Helm 的测试非常重要，假设有一个错误的 YAML 被合并到程序代码中并被打包成程序包（Package），这就意味着产生了一个根本不能使用的程序包。为了避免这类问题，一定要导入相关工具去检查这类错误。另外，要提及的一个非常重要的检查是 Chart.yaml 中的版本检查，推荐每个团队都要进行版本检查，每一次修改都必须要求版本的数值相应改变，禁止对相同版本的 Helm Chart 进行内容的修改，要确保每个版本都是独一无二的。

≫ 4.5　CI Pipeline 与 Kubernetes 结论

本章首先探讨了Pipeline系统的特色与架构，不论是使用SaaS服务还是自行搭建，都有各自的优缺点，不存在一个架构可以满足所有团队的需求，难点基本都是如何理清团队的需求，不论是成长、维护、扩充性、可用性等，都必须谨慎地评估各种解决方案，从中挑选出最适合团队的方案。

选出一套Pipeline系统后，下一步要思考的是，如果当前的Git项目需要在CI Pipeline过程中使用Kubernetes，那么相关的步骤该怎么完成呢？例如如何使用Kubernetes来测试，对于安装相关的YAML文件，该文件本身如果要测试，可以使用哪些工具呢？

图4-4列出了一种可能的架构图，因为不同团队的用法不同，所以这只是一个可能的架构图，不过架构中每个步骤的思路都是可以参考使用的。

在该架构中，关于Git项目的设计有不同的可能性，最主要的论点就是应用程序及其YAML文件是否要放在同一个Git项目中。

- 放在一个架构下，整个CI Pipeline过程就需要同时包含应用程序以及YAML文件。对于开发人员来说，任何应用程序的变更都可以同时修正相关的YAML文件，然而同时修改带来的缺点就是Git的记录不够干净，应用程序与YAML文件的修改会混杂在一起。
- 如果将应用程序与YAML文件的内容分开存放于不同的Git项目中，彼此的CI Pipeline流程就会完全不同。整个工作流程就需要有详细的规范，当应用程序被修改并产生相关的镜像后，就需要对存放在Git项目中的对应YAML文件进行相应的修改，告知该文件要使用新的镜像标记。

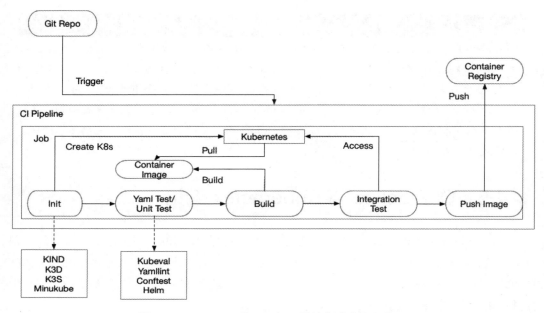

图 4-4　Kubernetes 的 Pipeline 持续集成参考架构一

　　当CI Pipeline中需要动态使用Kubernetes集群时，可以使用前面介绍过的Minikube、K3D、KIND等工具来搭建。接着对项目进行测试，如前文所述，应用程序和YAML的测试方式是完全不同的，应用程序会根据使用的程序设计语言以及相关的框架而有不同的变化。

　　YAML文件的测试会针对语法、语义以及数值等至少3个方面是否符合团队规范去测试。如果是YAML文件，可以使用Yamllint、Kubeval、Conftest等各种各样的开源项目来测试。如果是Helm项目，可以通过helm template指令来产生最终的YAML文件，并使用前面介绍过的相应工具来进行测试。

　　有趣的是，之前探讨过的工具Skaffold其实也可以集成到Pipeline的程序集成过程中，在Skaffold官方介绍中就提到了可以将其集成到Pipeline的CI/CD（持续集成/持续部署）过程中，通过该工具来帮忙搞定容器镜像相关的流程，例如构建镜像，将镜像推送到由K3D、KIND所搭建的Kubernetes内，架构如图4-5所示。

　　Skaffold通过配置文件来描述如何运行，所以也可以将测试的相关指令集成进去，同时也可以让Skaffold帮忙处理镜像标记的部分工作，基于时间、Git Hash等都提供了相应的支持。

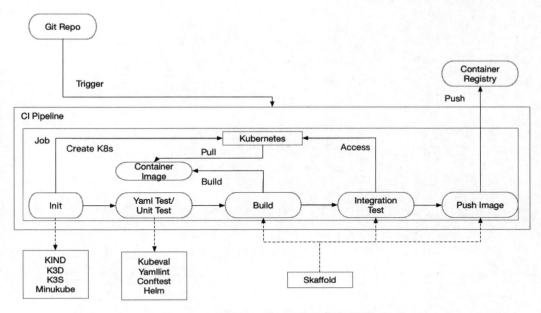

图 4-5　Kubernetes 的 Pipeline 持续集成参考架构二

　　不过要注意的是，**Skaffold**是否真的可以帮助团队解决问题是一个开放的答案，只有经过测试与评估确认真的有帮助后才需要导入这个工具，千万不要落入为了使用而使用的误区，否则可能享受不到任何好处，反而让整个团队的工作流程更加混乱。

第 5 章

探讨 Pipeline 持续部署与 Kubernetes

在前一章中探讨了在Pipeline的持续集成过程中所面临的挑战与相关问题，主要包括如何测试与Kubernetes有关的资源，包含搭建Kubernetes以及相关YAML的测试方式。

当一切准备就绪之后，接下来就是将修改结果同步到Kubernetes集群，这既适用于测试环境，又适用于正式的工作环境。

与持续集成的过程一样，持续部署的过程也有非常多的主题需要探讨，只有这样才能使得每个团队最后搭建出来的架构与众不同。

关于持续部署这个主题，笔者认为至少有4个方面需要探讨，例如：

- 是使用Pipeline系统加上定制化脚本来实现持续部署，还是使用专门的持续部署解决方案。
- 对于部署策略有不同需求时，例如金丝雀部署、蓝绿部署等，可以怎么做。
- Kubernetes的应用程序该用哪个工具来管理，是使用Helm、Kustomize还是使用其他工具。针对不同环境所准备的定制化参数要如何自动化地去处理。
- 当定制化参数包含机密信息（如账号和密码等）时，该如何集成到持续部署的过程中，同时又能够维持系统的安全性。

上述每个主题的"坑"都很深，也都没有一个"大而全"的解决方案，接下来将针对这些主题展开探讨。

≫ 5.1　Pipeline 持续部署过程思路的探讨

Pipeline的系统非常多，到底要如何选择一直以来都不是简单的问题，如果有其他团队的经验可以参考就更好了。CNCF下的项目小组CNCF End User Technology Radar于2020年6月发布了第一次调查报告[1]，该报告调查CNCF的用户会员对于实施持续部署会使用什么样的工具。对于该报告的完整解析，可以参考笔者编写的博客文章CNCF Continuous Delivery用户调查报告[2]。

该报告的信息如表5-1所示，要注意的是这个调查报告专注于持续部署这个领域，持续部署过程中会用到的工具都有可能会被列出，因此可以看到有Helm、Kustomize这类工具，也有GitLab、Jenkins等Pipeline系统。

1　https://radar.cncf.io/2020-06-continuous-delivery

2　https://www.hwchiu.com/cncf-tech-radar-cd.html

表 5-1　CNCF 用户持续部署调查报告

当前状态	项目名称
使用于生产环境	Flux、Helm
评估使用中	CircleCI、Kustomize、GitLab
评估过但保持观望	Jsonnet、Jenkins、Travis CI、Tekton CD、GitHub Action、TeamCity、Spinnaker、Jenkins X、Argo CD

Kubernetes应用程序到底该如何处理，调查报告中列出了Helm、Kustomize、Jsonnet等工具。对于团队来说，到底是使用Helm、Kustomize还是使用其他的解决方案，这是一个不可避免的问题，就笔者的认知而言，目前主流还是以Helm为主，接着是Kustomize。

Helm带来的一个好处是服务的散播，可以让团队轻松地使用来自世界各地开发人员所开发与运维的服务，通过类似apt-get的机制与概念来轻松地安装服务。而Kustomize则是通过不同的方式来定制化应用程序，避免Template带来的复杂性。同时，Kustomize与Kubectl工具的集成让Kustomize的使用更加简单易用。

除了上述工具之外，剩下的工具都与如何部署应用程序有关，其中Flux和Argo CD这两个开源项目是专门针对GitOps实现的开源项目，剩下的都是使用比较广泛的Pipeline系统。这些Pipeline系统中有开源软件、SaaS服务，它们包含：

- CircleCI
- GitLab
- Jenkins
- Jenkins X
- GitHub Action
- TeamCity
- TravisCI

实际上，官方的调查报告中还有一段探讨了更多细节的视频，包含投票的数量等细节信息，根据官方报告可以看到以下事项：

- 对CircleCI和GitLab工具有明确的共识，它们是相对被推崇使用的解决方案。
- GitHub Action拥有正面的反馈，但是正式使用的数量还不够多。
- Jenkins拥有为数不少的推荐使用数量，但不推荐使用的数量也是第一名。普遍反馈的心得都是旧系统继续维持Jenkins的运行，不过也愿意尝试全新系统，并非继续死守Jenkins。

不论选择上述哪一套Pipeline系统，团队都可以在Pipeline中实现自己的持续部署过程，把应用程序更新到Kubernetes中。

> ● 作者提示 ●
>
> CNCF用户报告只是一个用户群体的调查报告，调查问卷设置的选项也不多，所以反映出的结果并不具有 100%的严谨性，就当作一个趣闻去看待即可。千万不要因为别人使用了，或者别人不使用而直接改变自己的选择。

假设团队已经选择了一个工具或框架来处理部署相关的工作，当应用程序已经通过部署多个容器来提供服务时，如何将新版推送出去进行更新也是一个有趣的主题，这部分有不少的流派，每个流派都有适合的架构和应用场景。

1. Recreate

旧版本全部删除干净后再重新部署新版本的应用程序。在这种策略下的服务暂停时间（downtime）取决于旧版本删除的时间以及新版本的部署时间。

2. Ramped

通过逐个（one by one）地替换策略，每次部署一个新版本的实体，通过load-balancer确认该新版本的一部分实体可以接收到网络流量且正常运行后，才会把旧版本的这部分实体删除掉，反复进行这个操作，直到旧版本全部被替换掉。

3. Blue/Green（蓝绿）

相对于Ramped部署，蓝绿部署则是一口气部署新版本所需的所有资源，部署完毕且测试完成后，将所有流量导向新版本，并删除旧版本。

4. Canary（金丝雀）

强调的是逐步切换的概念，首先一口气部署全部的新版本实体，接下来通过load-balancer的方式与权重的设置慢慢地将业务流量从旧版本导向新版本，例如以90%:10% → 80%:20% → 50%:50% → 10%:90% → 0%:100%这样的方式进展。

5. A/B testing

这种部署策略更多应用于商业上，常见的是针对不同用户提供不同的版本，例如Facebook每次升级新版本的时候，都会有一部分用户开始使用新版本，而剩下的依然使用旧版本。其运行逻辑与上述的Canary部署相同。

6. Shadow

这种部署策略也是部署新版本的全部实体，接下来针对所有流向旧版本的流量都复制一份，将其推送到新版本上运行，当一切都没有问题后才会删除旧版本。

想要知道更详细的介绍，可以参阅Six Strategies for Application Deployment – The New Stack[1]这篇文章。实际上这些策略能不能实现也与团队使用的持续部署工具有很大的关系，每个持续部署工具的技术与架构都会影响是否可以执行上述更新策略。有兴趣探讨不同部署方式的读者可以尝试使用Argo Rollouts这个项目，它通过CRD与Controller的方式实现了蓝绿部署与金丝雀部署，让用户可以轻松地在Kubernetes中使用这些策略。

最后一个主题是机密信息管理。举例来说，团队要部署一个新的应用程序到Kubernetes集群，如果应用程序需要账号和密码来存取后端的数据库，那么这个账号和密码应该在什么阶段去处理呢？假设要使用Helm的方式来打包这个应用程序，可以在部署的过程中使用helm --set指令来定制化这些账号和密码信息，但是要考虑如何在持续部署的过程中取得这些机密信息，同时又不希望泄露它们。

之后的章节将仔细探讨机密信息管理的相关主题及解决方案。

≫ 5.2 持续部署与 Kubernetes 的集成

本节要来探讨持续部署这个概念与Kubernetes实现上的各种主题，要注意的是，持续集成与持续部署在设计上是独立的事件，两者可以放在同一个workflow中一气呵成，也可以分成两个workflow独立进行处理。如果需要分开处理，就是下一个要探讨的主题：如何触发Pipeline的持续部署流程。

此外，持续集成与持续部署使用的系统也不一定相同，可以使用不同的软件来处理，例如前面提到过有些软件专门用于持续部署。

接下来针对上述变化探讨各种类型的持续部署。

1. 持续集成与持续部署集成于相同Pipeline的工作流程

图5-1展示了一种将持续集成/持续部署集成到相同Pipeline工作流程的范例。再次强调本节探讨的所有架构仅作为参考，因为不存在一个唯一且完美的架构，所以用户最重要的永远都是理清所有需求，寻找解决方案，整理并组合出适合自己的Pipeline流程。

---

1 https://thenewstack.io/deployment-strategies/

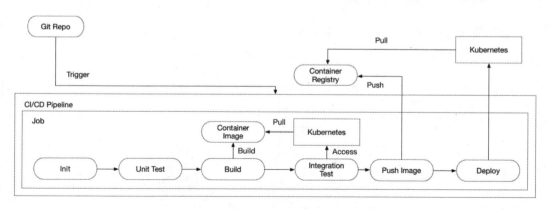

图 5-1　Pipeline 的持续集成/持续部署参考架构一

因为持续集成与持续部署两个过程合并到同一个 Pipeline 工作流程，所以设计上显得简洁明了。当持续集成过程结束，确认一切测试完毕后，就可以直接通过工具（如 Helm 和 Kubectl）更新至远端的 Kubernetes 集群。

在这种架构下也需要考虑一些潜在的问题，例如未来因为需求而需要重新部署应用程序或版本回退时，整个部署可能会因为持续集成花费太多时间而造成部署时间过久。或者团队一开始没有足够信心，可能希望先打造半自动的工作流程，让持续集成采取全自动化，而部署方面人为手动确认，一切都没问题才进行更新。

2. 持续集成与持续部署分开处理

将持续集成与持续部署两个过程独立出来是更为常见的做法，这样可以提供更大的灵活性与弹性。独立出来代表持续集成与持续部署可以构建在不同的系统上，可以使用相同的 Pipeline 系统，也可以使用不同的系统，这部分没有绝对的优劣。

当持续集成过程顺利执行完毕后，要探讨的就是如何触发 Pipeline 中的持续部署过程来完成后续的自动部署。如前文所述，有些团队对自动更新还没有足够自信时，会先采取将部署流程自动化，但是更新的触发机制是人为手动的，只有当一切准备就绪时才会触发持续部署流程去执行部署操作。

当团队信心足够时，就可以将触发机制升级成自动触发，例如在与 Git 项目集成时，在 YAML 文件都更新成最新状态后，就自动触发持续部署去完成部署。不论是手动触发还是自动触发，最重要的都是将部署过程的所有步骤自动化，人为地介入最终简化为单击一个部署按钮。

上述概念可参考如图5-2所示的架构。

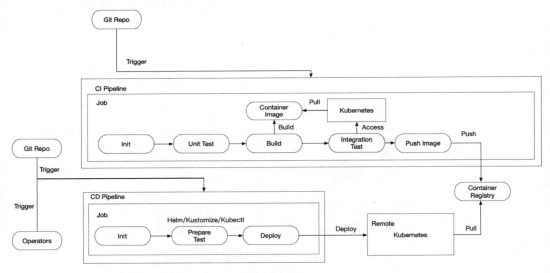

图 5-2　Pipeline 的持续集成/持续部署参考架构二

　　图5-3描述的是自动化触发的不同思路，例如当持续集成阶段完成后，通过Webhook等相关机制从远端触发持续部署的Pipeline 阶段去执行部署过程，或者当持续集成阶段完成并将容器镜像更新到远端容器注册表后，可以通知远端持续部署的Pipeline去完成自动部署。

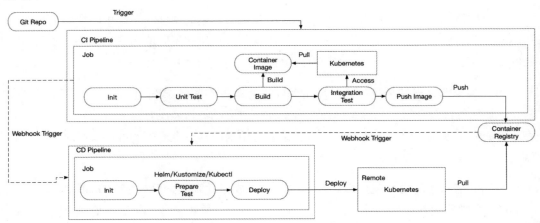

图 5-3　Pipeline 的持续集成/持续部署参考架构三

　　容器注册表这种方式取决于我们使用的容器注册表是否支持这种架构，例如Harbor[1]这个开源项目就支持这种方式，当容器镜像更新后，可以通过Webhook的方式将信息推送到远端。远端的Pipeline持续部署过程如果也有这种机制，也可以通过Webhook来触发。

　　由于是通过容器注册表触发的，因此这种架构可以支持更多的触发方式，例如管理员的紧急需求，手动把新版的容器镜像推送到远端的注册表，这样也能触发持续部署来更新集群中的容器镜像。

● 作者提示 ●
上述的 3 种部署方式都有一个特点，就是从 Pipeline 持续部署过程去更新远端的 Kubernetes 集群，为了满足这个操作，Pipeline 必须要有能力与 Kubernetes 沟通，在默认情况下必须将 KUBECONFIG 放置到系统中。所以要特别注意 KUBECONFIG 的权限与安全性问题，如果该 KUBECONFIG 泄露给外人，对方就有机会去存取团队的 Kubernetes 集群并进行破坏。

　　持续集成与持续部署分开处理，使用专门的软件处理持续部署阶段。

　　最后来看另一种架构，如图5-4所示。

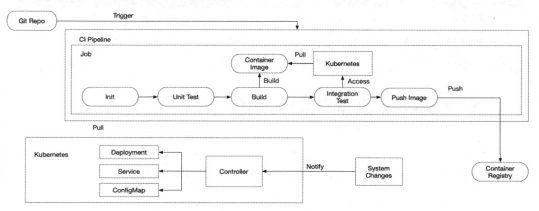

图 5-4　Pipeline 的持续集成/持续部署参考架构四

　　在这种架构下，我们不会从Pipeline系统中主动地将新版应用程序推送到Kubernetes集群中，相反，Kubernetes内会有一个独立的应用程序，称为控制器（Controller），这个控制器会自己判断是否要更新应用程序。

例如，当远端的容器镜像有新版更新时，就会自动抓取新的镜像并更新到系统中。在这种架构下，我们不需要一个Pipeline的持续部署过程来完成这些事情。此外，因为没有主动与Kubernetes集群沟通的需求，所以也不需要把KUBECONFIG放到Pipeline 持续部署系统中，算是减少了一个可能的安全隐患。

在这种架构下，整个部署的流程都必须依赖控制器的逻辑来处理，如果有任何定制化的需求，就需要确认控制器是否支持，若不支持，则可能要自行修改开源软件，或者依赖开源方的软件更新。

与完全使用Pipeline的持续部署主动处理部署流程相比，这种架构的弹性较低，扩充性也较低，同时整个架构的极限会被局限于控制器本身的能力。

最后要说明的是，以上介绍的架构没有一个是完美的，都只是参考架构，真正适合的架构还是取决于用户团队，通过理解不同部署方式所带来的优缺点，评估哪些优势是团队需要的，哪些缺点是团队可以接受的，哪些是不可以接受的，最后综合评估后取舍出一套适合团队工作的方式。

> ● 作者提示 ●
>
> 本节探讨的 4 种不同参考架构从更新的角度来看可以分成两大类，分别是推送（Push）模式和拉取（Pull）模式。推送模式表示的是远端系统主动将应用程序推送到 Kubernetes 集群；拉取模式则是以 Kubernetes 为出发点，去确认当前是否要更新 Kubernetes。

≫ 5.3 以 Keel 来示范如何部署更新 Kubernetes

在前面的章节中探讨了不同类型的部署架构，本节以最后一种相对少见的部署架构来示范，介绍如何使用开源项目Keel[1]来更新Kubernetes应用程序。

与前面介绍的所有项目一样，先看看Keel是如何介绍的。

Keel aims to be a simple, robust, background service that automatically updates Kubernetes workloads so users can focus on important things like writing code, testing and admiring their creation.

---

1 https://github.com/keel-hq/keel

从这段文字中我们可以了解到，Keel这个工具想要实现的目标是：

- 打造一个简单、强韧的后台服务，该服务能够自动更新Kubernetes上的计算资源。
- 通过Keel的辅助，开发人员可以专注程序的开发与测试，而不需要去处理如何更新Kubernetes。

● 作者提示 ●

看到这里，是否觉得与 Skaffold 很类似，都是希望开发人员能专注于程序开发，这些开源项目则帮助处理如何更新应用程序。在实际应用中，两者使用的时机会有细微的不同，这部分单靠介绍文字是无法领悟出来的，需要花费更多时间去看不同项目的架构，以及构思如何将这些项目导入工作流程中，而后才能品味出其差异性。

Keel这个项目就是专门设计用于自动部署的，所以使用Keel时不需要准备一个Pipeline系统。取而代之的是，Keel会在Kubernetes集群内安装一个控制器，该控制器会根据规则来决定是否要帮助更新Kubernetes集群内的应用程序。

图5-5展示的运行方式有4个步骤，分别是：

步骤 01　开发人员修改程序代码并将修改合并到 Git 项目。

步骤 02　通过 Pipeline 系统中的持续集成过程来处理容器镜像，最后构建出容器镜像，并将其推送到远端的容器注册表。

步骤 03　Keel 在 Kubernetes 内安装的控制器会定期确认容器注册表的状态，当发现有新版本出现时，就会准备相关的部署资源。

步骤 04　最后 Keel 修改 Kubernetes 内的资源状态，让其使用新版本的容器镜像，进而达到更新应用程序的目的。

图 5-5　Keel 运行架构一

图5-6展示的运行方式有5个步骤，分别是：

步骤 01　开发人员修改程序代码并将修改合并到 Git 项目。

步骤 02 通过 Pipeline 系统中的持续集成过程来处理容器镜像，最后构建出容器镜像，并将其推送到远端的容器注册表。

步骤 03 容器注册表知道有新版本后，将新版本的信息通过 Webhook 的方式送往 Webhook Relay（转发）这套系统。

步骤 04 Keel 在 Kubernetes 内安装的控制器收到来自 Webhook Relay[1]送来的更新信息，从中知道容器镜像有新版本了，接着准备相关资源进行更新。

步骤 05 最后 Keel 修改 Kubernetes 内的资源状态，让其使用新版本的容器镜像，进而达到更新应用程序的目的。

图 5-6 Keel 运行架构二

官方文件中将图5-6的方式称为轮询（Polling）模式，其介绍如下：

Polling

Since only the owners of docker registries can control webhooks

- it's often convenient to use polling. Be aware that registries can be rate limited so it's a good practice to set up reasonable polling intervals. While configuration for each provider can be slightly different - each provider has to accept several polling parameters:

该介绍中提到使用轮询模式在大部分情况下比Webhook方便，但是要注意这种轮询模式有可能会受到一些流量与次数的限制，所以使用时要特别注意相关的间隔时间，过度频繁的轮询可能会违反规范而被限制存取。

两种架构除了使用的方式不同外，更新的速度也会有所差异。Webhook的方式更为实时，轮询模式则必须等到间隔期满再去询问，而后才会发觉有新版本，因此在使用时必须考虑到这一点。

---

1 https://webhookrelay.com/

图5-7展示的是Keel的完整架构，该架构图可以分成4大部分：

- 左上方代表的是Keel支持的Kubernetes版本，例如Rancher、Openshift以及原生的Kubernetes集群。

- 左侧中间则是Keel支持的容器注册表，例如GitLab、Harbor、Quay等。不同的容器注册表使用的API以及相关格式都不相同，因此Keel需要针对每个系统去集成。

- 左侧最下方是通知系统，当Keel完成更新后，要通知开发人员或运维人员当次更新的结果。Keel支持Slack、Mattermost、Hipchat以及广泛使用的Webhook。只要系统本身支持Webhook的机制，都可以通过Keel来通知。

- 右边区块展示的是Keel的运行流程，Keel会与容器注册表确认新版本的状态，可通过轮询模式或Webhook方式来进行。一旦Keel侦测到有新版的应用程序，就会去修改应用程序所使用的容器镜像版本。

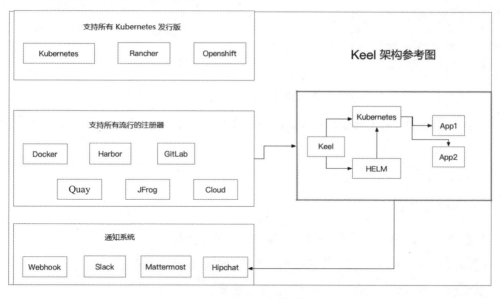

图 5-7　Keel 架构图

Keel支持原生的YAML和Helm两种管控方式，当资源状态改变后，Kubernetes就会重启相关资源去抓取最新版本的应用程序。

接下来示范如何使用Keel来更新应用程序。

1. 安装

提供两种安装方法，可以通过helm指令安装或直接通过kubectl安装原生YAML文件。

```
$ helm repo add keel https://charts.keel.sh
 "keel" has been added to your repositories
$ helm repo update
Hang tight while we grab the latest from your chart repositories...
...Successfully got an update from the "keel" chart repository Update
Complete. Happy Helming!
$ helm upgrade --install keel --namespace=kube-system keel/keel Release
"keel" does not exist. Installing it now.
NAME: keel
LAST DEPLOYED: Sun Sep 13 03:28:06 2020
NAMESPACE: kube-system
STATUS: deployed
REVISION: 1
TEST SUITE: None
NOTES:
1. The keel is getting provisioned in your cluster. After a few minutes,
you can run the following to verify.

To verify that keel has started, run:

kubectl --namespace=kube-system get pods -l "app=keel"
```

有Helm的辅助，可以非常轻松地将Keel控制器安装到Kubernetes集群中。接下来试试使用Keel来完成自动部署。

2. Keel示范

示范流程如下：

步骤 01 通过 Deployment 部署一个事先准备的应用程序。

步骤 02 告知 Keel 监控该应用程序，有任何新版时自动更新。

步骤 03 手动更新容器镜像，并且更新到远端的容器注册表。

步骤 04 查看 Keel 的日志以及 Kubernetes 状况，确认该容器有更新。

Keel并没有定义专用的CRD资源来描述哪种应用程序用于Keel管控，而是用应用程序YAML内的labels字段来定义。Keel的控制器会监听所有Kubernetes内的对象资源，并观察哪些资源的设置符合其规则，最后根据labels字段内的设置来处理如何更新。

下面是一个简单的部署范例，在该范例中我们在metadata.labels内增加两个关于Keel的描述。

```
apiVersion: apps/v1
kind: Deployment
metadata:
   name: ithome
   namespace: default
   labels:
      name: "ithome"
      keel.sh/policy: all
      keel.sh/trigger: poll
spec:
   replicas: 3
   selector:
      matchLabels:
          app: ithome
   template:
     metadata:
       name: ithome
       labels:
          app: ithome
       spec:
       containers:
          - image: hwchiu/netutils:3.4.5
            name: ithome
```

- keel.sh/policy：告诉Keel该使用什么样的规则去监控容器镜像版本的变动，因为容器镜像的标记是用户自定义的，所以Keel需要通过一个规则去知道什么样的版本是新版，什么样的版本是旧版。
  Keel推崇遵循SemVer的方式，通过$major.$minor.$patch的格式来描述版本的前后顺序。上述范例使用all的含义是三者有任何一个版本更新就会更新，默认使用最新的版本。
- keel.sh/trigger描述不使用Webhook的方式，而是改用轮询的方式来询问远端镜像是否有更新。

接着把该YAML部署到Kubernetes集群中，并通过kubectl的方式确认当前使用的镜像标记。

```
$ kubectl apply -f deployment.yaml
$ kubectl get deployment ithome -o jsonpath='{.spec.template.spec.
containers[0].image}'
```

```
hwchiu/netutils:3.4.5
```

接下来打开其他窗口，尝试部署一个全新的镜像标记，其版本必须大于3.4.5，例如使用4.5.6。

```
$ docekr push hwchiu/netutils:4.5.6
...
Successfully tagged hwchiu/netutils:4.5.6
The push refers to repository [docker.io/hwchiu/netutils] de527d59ee7c:
Layer already exists
0c98ba7dbe5c: Layer already exists
...
4.5.6: digest:
sha256:f2956ee6b5aafb43ec22aeeda10cfd20b92b3d01d9048908a25ef4430671b8a3
size: 1569
$ kubectl get deployment ithome -o
jsonpath='{.spec.template.spec.containers[0].image}' hwchiu/netutils:4.5.6
```

更新容器镜像后，再次使用kubectl指令查看当前系统的版本，可以看到使用的镜像标记已经变成4.5.6了。

```
$ kubectl get rs -o wide
NAME             DESIRED    CURRENT    READY    AGE     CONTAINERS
IMAGES           SELECTOR
ithome-7d44545847 3          3          3        2m49s   ithome
hwchiu/netutils:4.5.6  app=ithome,pod-template-hash=7d44545847
ithome-7d5fb6757f 0          0          0        12m     ithome
hwchiu/netutils:3.4.5 app=ithome,pod-template-hash=7d5fb6757f
```

同时查看系统上的ReplicaSet资源，也可以看到出现版本4.5.6。

上述示范过程非常简单，通过轮询模式，当Keel判断远端的容器注册表有新版本时，就会主动修改YAML内的资源。接着Kubernetes会因为YAML的改变而自动重新部署，进而使得新版本顺利地部署到Kubernetes中。

这个过程并没有任何Pipeline持续部署在运行，完全依赖一个独立的控制器来处理。实际上这种运行模式有一种更好的架构，被称为GitOps。下一章就来探讨GitOps。

第 **6** 章

GitOps 的部署概念

在前面的章节中探讨持续部署与Pipeline系统的种种主题时，提到过CNCF End User Technology Radar关于持续部署的用户报告，其中有两个关于GitOps的软件，一个是Flux，另一个是Argo CD。

Flux是该报告中被广泛使用的开源项目。那么到底什么是GitOps，GitOps与传统的DevOps有什么不同吗？

本章将探讨GitOps的架构与概念，并且说明GitOps相对于常见部署方式的优缺点。

GitOps的概念源自Weaveworks[1]于2017年提出的一个想法，希望通过GitOps这种方式来打造一个适合云原生（Cloud Native）生态系统的持续部署方式。

GitOps的核心概念非常简单，可以从3个层面来探讨：

- Git作为单一来源。
- 状态同步。
- 更新方式单一来源。

1. Git作为单一来源

GitOps中强调，所有的资源描述文件都集中存放在Git中，不论是原生YAML、Kustomize还是Helm。这些内容都要放到Git里面，同时也只能有这个来源。当有人问我们这个Kubernetes资源的描述文件在哪里，唯一的答案就是Git项目。

使用Git带来的好处有：

- 可核查性，通过Git的管理特性，开发人员与运维人员可以知道谁在什么时间点进行了什么修改，并且借助Git History的记录可追踪每个版本的差异。
- 如果有任何修改造成应用程序部署有问题，可以通过Git的指令（例如Revert等）进行快速修正。

使用哪套Git系统并不影响具体实现，因为其核心设计源自VCS版本控制系统的特性。

更重要的是，Git中存放的资源描述文件都必须基于Declarative格式，通过声明式描述的方式来描述应用程序的状态。Kubernetes的YAML本身就是基于这种形式去设计的。

---

1 https://www.weave.works/technologies/gitops/

2. 状态同步

第二个核心概念构筑在第一个概念的实现上，必须先将所有的资源都通过Git项目来存放，有了这个基础后，就可以定义两个资源的状态：

- 期望的资源状态。这个状态指的是Git内文件所描述的状态。例如用户希望部署有3个副本，同时镜像的版本是1.2.4。这也是为什么前面说Git项目内要使用Declarative的格式，通过这类格式来描述开发人员希望的状态。

- 正在运行的实际状态。这个状态指的是目标资源目前在Kubernetes中运行的状态，例如当前运行的部署有2个副本，使用的镜像版本是1.2.3。

GitOps架构下有一个代理程序，即控制器。这个代理程序权责很重，会同时监控上述两个资源的状态，并且最终目标就是确保两个资源的状态一致。一旦Git中所描述的状态有所改变，就会去修改目标集群内的状态，以使得当前运行状态与Git内的状态保持一致。

在过往操作习惯下，管理人员会直接使用一些工具对运行的Kubernetes资源进行修改，例如通过kubectl patch、kubectl edit等工具来修改其运行状态。在GitOps的架构中，一旦这类修改发生，就会导致最初描述这些资源的YAML文件与运行状态不一致。这时候控制器就可以选择马上修复资源，确保其状态与Git完全一致，或者显示出警告信息通知管理员，提示当前状态不一致，是否要修复。

3. 更新方式单一来源

最后要讲的是GitOps的更新方式，鉴于前面两个核心概念的组合，所有的更新都要从Git出发。

举例来说，若想更新部署的镜像标记，则要对相应的文件进行修改，并提交一个修正的Git Commit，而后等待相关的Code Review来进行后续的处理。

当修改被合并到Git项目后，Kubernetes集群内的GitOps代理程序就会负责将Git上的状态资源同步到目标的Kubernetes集群中，借此更新Kubernetes内的资源。这种方式带来几个好处：

- Git Commit是唯一的更新来源，禁止其他人通过kubectl等工具直接对Kubernetes进行部署与修改。这样当问题发生时比较好追踪问题的来源并进行错误的排查。

- 版本有问题想要进行版本回退时，可以直接对Git进行版本的处理，例如修正、版本回退等。只要Git这边搞定，后续等待代理程序将Kubernetes集群内的状态修正成符合Git上面的状态即可。

- 即使有任何绕过的规则，手动对Kubernetes内的资源进行修改，这些修改都可以被代理程序追踪到，因而可以自动更新，迫使所有计算资源都与Git所描述的一致。

上述3个核心概念组建出GitOps的操作模式，实际上每个开源项目的做法都会有些差异，但是本质上都偏离不了这3大核心。

每种技术都不可能完美无瑕（没有任何缺失），目前知名的实现项目有Flux、Argo CD、Rancher Fleet等，每个项目的特点都各不相同，都有适合其发挥的环境和应用场景。掌握GitOps的概念之后，去学习这些项目就变得非常简单和快速，就能够用更快速、更有效率的方式去评估该导入哪个GitOps项目到团队中。

其实GitOps的概念并没有局限于Kubernetes，毕竟GitOps就是一个概念，并不是一个用于实现的规格，用任何工具都可以打造出符合这个核心概念的工作流程，甚至部署的最终目标不是Kubernetes也没有问题。

≪ 硅谷经验分享 ≫

Fleet 这个 GitOps 工具相对于其他两个工具最大的差异是，Fleet 可以很好地与 Rancher 集成，如果团队已经使用了 Rancher 来管理 Kubernetes 集群，则可以考虑先用 Fleet 作为 GitOps 的第一次尝试。要特别注意的是，Fleet 项目的开发还相对较新，必须搭配 Rancher v2.5.0 之后的版本才可以使用。

≫ 6.1 GitOps 与 Kubernetes 的集成

前一节探讨了GitOps的概念，类似于DevOps，GitOps没有标准实现的方式，各厂商都可以宣称自己的产品是基于GitOps的方式运行的。正因为如此，不同解决方案的实现方式不同，使用的方式也会略有不同。

GitOps与Kubernetes的集成非常直接，如前文所述，GitOps的核心概念中需要借助一个代理程序的角色，该角色会确认Git项目内所描述的理想状态与目标Kubernetes集群内的运行状态是否一致，并根据规则来同步状态。

该代理程序要有能力获取Kubernetes集群的当前设置，也要有能力将其更新，这意味着其必须要有读写的能力，所以这种情况下有两种部署方式：第一种是将该代理程序放到Kubernetes集群内，依靠ServiceAccount、RoleBinding、Role等RBAC组合技术来处理权限；

第二种则是将该应用程序放到Kubernetes外，这种架构下也要准备相关的权限，产生一组可以使用的KUBECONFIG 供外部程序使用。

目前常见的关于Kubernetes的GitOps解决方案都是采用第一种方式来设计的。其中代理程序在下文的描述中都将改用控制器这个更为常见的说法来表述，在Kubernetes中可以遵循Operator这个模式来开发与设计属于自己的控制器，让其有能力去监听Kubernetes的事件并执行对应的操作。

<<< 硅谷经验分享 >>>

虽说大部分的开源项目都是采取第一种架构设计的，但是如果想要让控制器同时管控多套 Kubernetes 集群，势必只有一套 Kubernetes 是 in-cluster 架构，剩下的都属于第二种架构，同时 KUBECONFIG 的共享不可避免。

Argo CD 和 Rancher 对于管理多套 Kubernetes 集群都有适用的设计，有这个需求的团队可以参考这两个开源项目。

为了将应用程序部署到Kubernetes中，运维人员需要为应用程序准备相关的YAML文件，这些文件可以使用原生YAML的格式、Helm、Kustomize等不同方式来管理。

而在GitOps的架构下，上述管理资源都需要通过Git项目来保存，因此管理Git项目分成两种架构：

● 应用程序源代码以及相关的YAML放到相同的Git项目中。
● 应用程序源代码以及相关的YAML放到不同的Git项目中。

在GitOps的架构下，推荐使用第二种架构来维护这些文件，因为可以很明确地将应用程序与部署资源描述文件分开管理。

这两个Git项目所维护和管控的团队也有所不同，同时YAML相关的Git项目内的所有变动只会与部署资源的状态有关。如此一来，就能够更好地进行维护，想要追踪变动，甚至版本回退等就较好实现。

如果将程序代码和相关资源文件放在相同的Git项目内，当需要针对部署状况进行版本回退时，就有可能导致程序代码本身的功能也一并被版本回退，这就不是期望的结果了。同时，Git的历史记录会掺杂应用程序与YAML的内容。

不过这里也是老生常谈，此处所提到的解决方案都有各自的一些特性与优缺点，不存在一个绝对通用和正确的解决方案，最终还是要根据GitOps的实现方式以及团队的习惯去选择适合的解决方案。

接下来介绍的架构都针对第二种方式进行探讨。

1. GitOps架构一

图6-1是把GitOps集成到Kubernetes中的一个范例。

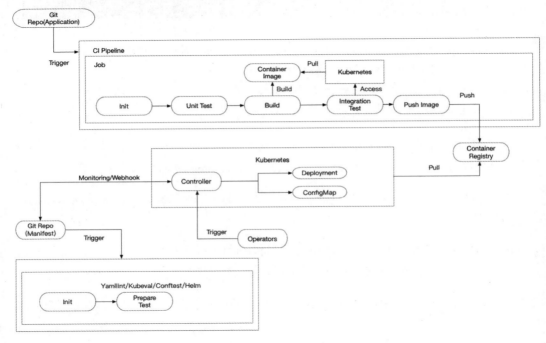

图 6-1　GitOps 参考架构一

在该架构下，会先在Kubernetes内安装一个GitOps解决方案的控制器，该控制器需要设置告知其所要监控的Git项目，该项目用于存放与部署有关的资源文件。

其工作流程可能如下：

- 开发人员对应用程序相关的Git项目进行修改，而修改触发了相关的CI Pipeline（Pipeline持续集成）。
  中间经历过测试等众多阶段，最后产生相关的容器镜像并推送到远端的容器注册表。

- 运维人员或系统管理人员对部署资源相关的Git项目进行修改，将所使用的镜像更新为上述流程所产生的最新版本。

  该修改也会触发相关的CI Pipeline，这个过程包含测试，主要针对的是YAML文件的测试，包含前面所提到的3个方面：语法、语义以及规范。

- 当资源部署相关的Git项目通过CI Pipeline 且修改被合并到Git项目后，Kubernetes内的控制器有两种方式可以知道Git项目更新了：定期轮询的确认或Git项目送出的Webhook通告。

- 控制器开始检查Git项目中相关的配置文件是否与当前Kubernetes内的一致。如果不一致，则将Git内的描述同步到Kubernetes集群内，确保目前运行状态与Git内文件描述的状态一致。

- 如果团队想要采取半自动化的机制，也可以让运维人员主动去告知控制器"请帮忙同步"，而不是通过Webhook或轮询的方式。

上述的工作流程并非无懈可击，某些情况下也会降低开发效率。

举例来说，团队内有一个开发团队专用的集群，开发人员需要一个Kubernetes测试开发的应用程序，于是每次开发都在上述的专用集群中进行测试。如果开发人员的测试版需要持续测试，就需要一直对两个Git项目进行修改与合并。整体操作流程完全符合上述的逻辑，但是效率不一定是最高的。

上述的架构上去运行起来都很顺畅，但是开发人员的集群（假设开发人员有一个远端的Kubernetes用来测试）使用起来并不方便，只要这些更新非常频繁，那就意味着要一直不停地修改Git Yaml Repo的内容，虽然一切都按照概念在运行，但是操作起来效率不一定高。

有些团队会对上述架构进行一些修正，当应用程序的Git项目顺利产生容器镜像并更新到远端的容器注册表后，由于其知道当前产生的镜像标记信息，因此会利用程序化的功能对部署资源相关的Git项目触发一次修改，并自动提交到远端的Git服务器。

如此一来，开发人员就只需要等待通知，以确认应用程序已经顺利更新到Kubernetes集群内，而不需要手动去修改Git项目。

GitOps没有任何具体的实现，其概念灵活，并没有要求一定要怎么实现才可以称为GitOps。重要的是团队的工作流程是否可以达到如同GitOps所宣称的效果。即使不采用GitOps，只要可以提高开发与部署的效率，可以减少问题就是一个适合的架构。

> ● 作者提示 ●
>
> 也可以考虑使用本地的 Kubernetes 集群，并搭配 Skaffold 或运用相关概念进行本地测
> 试，这样可以减缓上述流程带来的痛点。这里再次强调一点：不存在一个完美的解决
> 方案，不同的需求需要的架构都不同，作为一个工程人员，最重要的是学会如何面对
> 这些问题，以及掌握正确的思路去寻找好的解决方案。

2. GitOps架构二

图6-2展示的是第二种GitOps的架构，主要的差异是控制器被触发同步的方式。

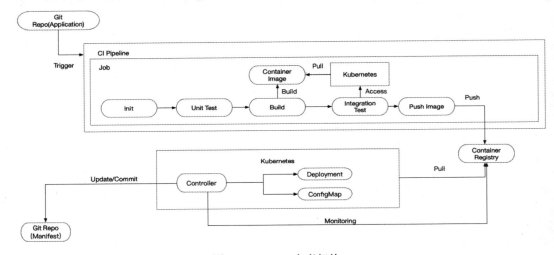

图 6-2　GitOps 参考架构二

控制器可用于监控容器镜像，当被监控目标的镜像标记发生特定的变化时，就会触发
控制器主动去更新部署资源。

但是，前面提到GitOps的核心概念是所有的资源状态都必须通过Git项目保存，在这种
架构下却因为容器镜像的改变而去修改Kubernetes内的运行状态。

在这种情况下到底谁的状态才是正确的，要依据Git项目的状态还是容器镜像标记的
状态？

为了解决这个问题，在这个架构下的控制器必须要有能力去更新Git项目，当控制器
发现新版本的容器镜像后，不但会更新Kubernetes内的资源，同时还会针对应用程序相关
的Git项目进行一次修改，将文件内描述的容器镜像标记更新到最新版本。

通过这个步骤可以确保所有来源描述的状态是一致的。这也是为什么图6-2中的控制器需要对Git项目去更新修正的结果。

不过，因为需要对Git进行操作，也就意味着控制器本身需要有Git相关的读写权限，整个系统需要更多的设置来处理这一块。

需要注意的是，以上两种架构并非互斥的，是可以共存的，主要取决于GitOps解决方案的具体实现。对于团队来说永远都要厘清需求，接着是评估解决方案，最后进行优劣的取舍。

≫ 6.2　GitOps 实现：以 Argo CD 为例

了解了GitOps与Kubernetes的参考架构后，本节就来动手实践，通过Argo CD这套GitOps的解决方案来展示一下GitOps的使用过程，体会整个不同的运维流程与过往习惯的差异。

首先来看Argo CD[1]是如何介绍的。

Argo CD is a declarative, GitOps continuous delivery tool for Kubernetes.

叙述简单明了，指出整个项目是一个针对Kubernetes的持续交付工具，整体设计是基于声明式语言与GitOps概念来开发的。

因为Argo CD是针对Kubernetes开发的，所以Kubernetes用户要关心的第一件事情就是Argo CD支持哪种描述部署资源的方式。Argo CD目前支持以下方式：

- Helm。
- Kustomize。
- Jsonet。
- Ksonnet。
- 原生YAML。
- 定制化的配置文件，需自行设计并实现相关的处理程序。

其支持的格式非常多，目前大家常用的格式都在支持列表中，所以这部分不需要过度担心。

---

1 https://argoproj.github.io/argo-cd/

6.2.1 架构

如图6-3所示为Argo CD的整体架构，通过对该架构的理解大致可以学习到该怎么使用这套工具、使用流程的脉络以及通过这套工具如何打造团队的运维流程。

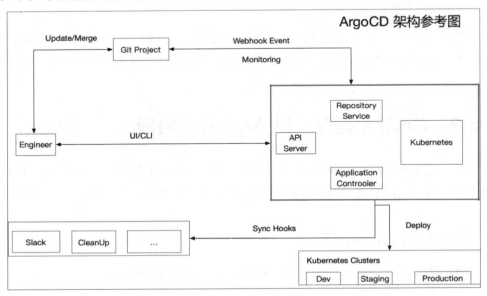

图 6-3 Argo CD 的整体架构

右边的框架代表的是Argo CD服务，前面的章节提到为了让GitOps控制器有办法对Kubernetes执行读写的操作，一个简单的架构就是将控制器安装到Kubernetes集群中。Argo CD安装时采用上述架构，会在Kubernetes内部署相关服务，包含API Server（API服务器）、Application Controller（应用程序控制器）以及Repository Service（信息仓储服务）。

API Server提供外部接口让外界可以顺利操作与存取Argo CD，例如可以使用方便的网页用户界面（Web UI），集成自动化的命令行界面，甚至能通过程序化的方式采用gRPC/REST等不同协议来操作。

Repository Service用来处理所有与Git项目有关的操作，Argo CD提供几种不同的方式去触发应用程序同步，例如由Git项目主动发送Webhook来实现实时更新，或者Argo CD定时轮询Git项目的设置以及运维人员通过手动操作来强制更新。完全符合前面章节描述的第一种架构，但是并不能针对容器注册表进行监控，这点要注意一下，看看项目团队是否有这个需求。

另外，除了单纯的Git项目外，Argo CD 还支持Helm Chart服务器，所以使用更为灵活。

Application Controller是核心概念，通过一个不停止的循环去比较应用程序的状态，并根据设置来同步应用程序的状态。Argo CD中的基本单位是Application，由3项组成，分别是项目的同步方式、应用程序的来源以及要部署的目标Kubernetes集群。

Argo CD支持同时管理多套Kubernetes集群，所以运维人员可以用一套Argo CD来同时管理多套Kubernetes集群上的应用程序。不过之前提过，为了让GitOps控制器（也就是Argo CD）有能力去读写Kubernetes集群，Argo CD必须要有方法与相应的权限去执行相关操作，因此实际工作中需要将管理Kubernetes的KUBECONFIG导入Argo CD中，这样才具有管理多套Kubernetes集群的功能。

最后，Argo CD针对Application的同步实现了Hook系统，可以在同步前后去执行特定的工作，常见的范例是同步后根据其结果把成功或失败的信息发送给团队，例如Slack等。

有了基本概念之后，接下来看一下如何安装Argo CD，然后使用Argo CD来完成GitOps的初步体验。

≪≪ 硅谷经验分享 ≫≫

通过 Argo CD 管理多套 Kubernetes 是不可忽略的功能，不过在实际工作中建议团队架设至少两套一样的 Argo CD，在正式生产环境要有专用的一套，而开发者用的与测试时用的相关集群要集中管理还是独立管理，则是仁者见仁，智者见智。

● 作者提示 ●

选择一套工具时，要考虑很多方面，其中一个不可忽视的方面就是该工具是谁要使用，如果团队中有非工程背景的人员需要使用，就要考虑是否有适合一般用户的操作方式，例如友好的网页界面等。千万不能要求所有人都使用指令等方式去操作，这对非工程人员来说是极为痛苦的使用体验。

6.2.2　安装

Argo CD的安装方式有两种，分别是：

- 通过原生YAML文件安装。
- 通过Argo CD Operator安装与设置。

第一种方式简单明了，直接部署相关的YAML即可顺利地搭建一个基本的Argo CD，而第二种方式比较高级，熟悉Operator模式的读者可以想象这种模式带来的好处，运维人员有机会用更简单明了的方式去管理与设置Argo CD。

本节范例采用第一种方式安装Argo CD，安装完毕后会通过网页用户界面与命令行界面两种方式来执行存取操作。

安装方式参考官方文件[1]，读者使用Argo CD时要特别注意版本，以下使用的范例适用于Argo CD 1.9以前的版本，2021年4月官方正式公开2.0版本，因此第一次使用Argo CD的团队不妨使用2.0版本来体验更多更好的功能。

安装系统管理工具时，通常采用命名服务这种轻量级的功能来区分彼此，因此先在系统中建立专用的命名空间，接着通过kubectl指令将YAML安装到Kubernetes内即可。

```
$ kubectl create namespace argocd
namespace/argocd created
$ kubectl apply -n argocd -f https://raw.githubusercontent.com/argoproj/
argo-cd/stable/manifests/install.yaml customresourcedefinition.
apiextensions.k8s.io/applications.argoproj.io created
customresourcedefinition.apiextensions.k8s.io/appprojects.argoproj.io
created
serviceaccount/argocd-application-controller created
serviceaccount/argocd-dex-server created
serviceaccount/argocd-server created
role.rbac.authorization.k8s.io/argocd-application-controller created
...
configmap/argocd-cm created
...
secret/argocd-secret created
...
deployment.apps/argocd-application-controller created
...
```

上述过程显示了该YAML实际上把什么样的资源安装到Kubernetes中，简单叙述如下：

- 为了让Argo CD能够操控当前安装的Kubernetes集群，会通过RBAC的概念建立ServiceAccount、ClusterRole、ClusterRoleBinding等资源。

---

1 https://argo-cd.readthedocs.io/en/stable/

- 通过Deployment的方式部署上面提到的3个组件以及Redis与Dex服务。
- Argo CD的配置文件基本上是由configmap与secret组成的。
- Argo CD 创建两个CRD，通过这些对象来管理Application及其他设置。

服务安装完毕后，Argo CD会通过Service ClusterIP的方式来存取API Server。如果系统中没有ingress controller等资源，这样的设置是不方便用户去使用与测试的。

为了方便存取，有两种简易的方式：

- 将Service修改成NodePort。
- 通过kubectl port-forward的方式来存取。

以评估与测试为前提使用这些方式去存取是没有问题的，但是要注意一旦要正式运用到团队工作流程，建议使用Ingress或Load-Balancer的方式来处理，并要求所有连接运用HTTPS。

通过kubectl port-forward将argocd这个命名空间内的argocd-server服务映射到本地的8080端口。

```
$ kubectl port-forward svc/argocd-server -n argocd 8080:443
```

接着打开浏览器并在地址栏输入localhost: 8080，即可顺利看到如图6-4所示的界面。

图 6-4　Argo CD 登录界面

在默认情况下可以使用名为admin的账号，密码的获取方式根据版本不同而有所差异。

Argo CD计划在1.9版本中使用secret的方式存放默认密码，之前的版本则是当前部署完毕Argo CD服务中的argocd-server Pod的名称，可以通过以下指令获得这个名称：

```
$ kubectl get pods -n argocd -l app.kubernetes.io/name=argocd-server -o
name | cut -d'/' -f 2
```

取得上述信息并输入浏览器中即可顺利完成登录。在通过GitOps部署应用程序之前，先来尝试使用Argo CLI这个命令行工具登录Argo CD服务。

下载的方式建议直接参考GitHub上发布的信息，可以在其中找到针对不同环境所准备的不同版本的执行文件。

```
$ wget https://github.com/argoproj/argo-cd/releases/download/v1.7.4/
argocd-linux-amd64
$ sudo chmod 755
$ ./argocd-linux-amd64
argocd controls a Argo CD server
Usage:
  argocd [flags]
  argocd [command]

Available Commands:
  account Manage account settings
  app Manage applications
  cert Manage repository certificates and SSH known hosts entries
...
```

接着通过命令行界面并使用相同的账号和密码登录，由于之前通过kubectl port-forward指令将服务映像到本地的8080 端口，因此在指令中使用localhost:8080作为Argo CD的位置。

```
$ ./argocd-linux-amd64 login localhost:8080
WARNING: server certificate had error: x509: certificate signed by unknown
authority. Proceed insecurely (y/n)? y
  Username: admin
  Password:
'admin' logged in successfully
Context 'localhost:8080' updated
```

至此，顺利地通过网页用户界面与命令行界面登录到Argo CD的服务中，在测试与评估时使用这组admin的账号和密码进行登录是可接受的，但是一旦要开始管理公司应用程序，请务必导入RBAC等方式来进行权限的管控。

<<< 硅谷经验分享 >>>

Argo CD 可以通过 Dex 去衔接不同的账号管理系统，Google、LDAP、Crowd、GitHub 等都可以，甚至能衔接已有的 OIDC 服务。针对这种管理服务，一定要导入账号管理，并且通过不同身份给予不同的权限，千万不要一组 admin 账号到处分享。

6.2.3　安装范例应用程序

安装完Argo CD 之后，接下来开始正式通过GitOps的方式部署应用程序。前面提到Argo CD支持不同种类的资源管理方式，一个最快的学习方式是直接参考官方准备的Git范例项目argocd-example-apps[1]。图6-5展示了该项目的内容，其准备了各种各样的范例应用程序并使用Helm、Kustomize、Jsonnet等不同的方式来部署应用程序。

图 6-5　Argo CD Git 范例项目

1　https://github.com/argoproj/argocd-example-apps

下一步是通过网页用户界面或命令行界面来操作Argo CD并创建一个全新的应用程序。该应用程序的数据源会使用前面提及的官方Git项目，并且指定范例的Kubernetes集群为部署目标。

Argo CD的网页用户界面设计得简单明了，不是工程人员也可以很轻松地理解与使用，图6-6呈现的是通过网页用户界面创建的一个范例。

除了使用网页用户界面之外，也可以尝试使用命令行界面来创建应用程序，创建的方法不会太困难，通过argocd-linux-amd64 app create指令就可以创建一个全新的应用程序，指令如下：

```
$ ./argocd-linux-amd64 app create guestbook --repo
https://github.com/argoproj/argocd-example-apps.git --path guestbook
  --dest-server
https://kubernetes.default.svc --dest-namespace default
application 'guestbook' created
```

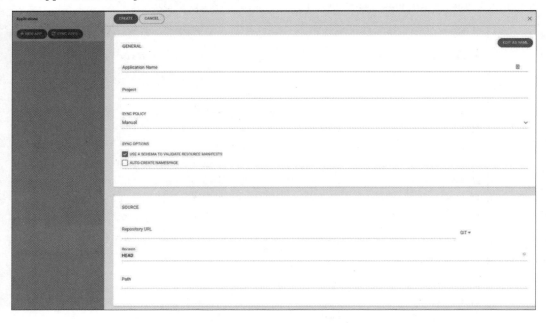

图 6-6　Argo CD 创建应用程序

前面提及应用程序由3部分来源、目标集群和命名空间组成，因此通过命令行界面创建时需要指定这些资源：

- 通过--repo参数描述状态文件的来源，可以是Git项目或Helm Chart服务。
- 通过--path参数描述当连接到--repo所描述的项目后，要用何种路径去找到要使用的应用程序。
- 通过--dest-server参数指定目标 Kubernetes集群的名称，因为Kubernetes会在默认命名空间（Default Namespace）提供一个存取Kubernetes API的服务，因此把Argo CD安装到Kubernetes集群内之后就会默认使用API的路径 https://kubernetes.default.svc作为其名称。
- 通过--dest-namespace参数指定想要把应用程序安装到哪个命名空间中。

这些操作也可以在网页用户界面设置，其设置方式比在命令行界面设置更加简单明了。

上述范例会尝试将范例项目中的guestbook文件夹内的应用程序同步到Kubernetes集群，该guestbook文件夹内容如图6-7所示，内容是由Deployment配上Service来组合出的应用程序。

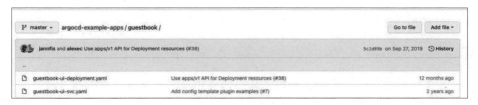

图 6-7　Argo CD 范例应用程序 guestbook

创建完毕后，就可以在网页界面看到一个全新的应用程序，如图6-8所示。

图 6-8　Argo CD 应用程序创建完成

在之前的章节提过，GitOps可以让控制器自动去同步，也支持让管理人员手动去同步。前面创建应用程序时没有特别指定同步的方式，在Argo CD中这类应用程序会被设置为关闭自动同步。在这种情况下同步就需要管理人员单击按钮告知Argo CD来执行手动同步。

除了通过网页用户界面查看外，也可以通过命令行界面查看应用程序的状态，命令如下：

```
$ ./argocd-linux-amd64 app get guestbook
Name:          guestbook
Project:        default
Server:         https://kubernetes.default.svc
Namespace:      default
URL:           https://localhost:8080/applications/guestbook
Repo:          https://github.com/argoproj/argocd-example-apps.git
Target:
Path:          guestbook
SyncWindow:     Sync Allowed
Sync Policy:     <none>
Sync Status:     OutOfSync from (6bed858)
Health Status:  Missing

GROUP KIND    NAMESPACE NAME         STATUS    HEALTH HOOK MESSAGE
     Service default   guestbook-ui OutOfSync Missing
apps Deployment default guestbook-ui OutOfSync Missing
```

上述指令清楚地列出了当前应用程序的设置及状态，可看到以下信息：

- Application的信息，如来源应用程序、目标 Kubernetes集群。
- Sync为<none>表示不启动自动同步功能。
- Sync Status为OutOfSync表示当前 Kubernetes集群内的状态与Git上的状态不同。要注意的是，应用程序还没有部署到Kubernetes也算是状态不同步。
- 下方则是描述应用程序内两个资源Deployment与Service的同步状态，也都显示与Git项目内所描述的状态不一致。

接着通过命令行界面要求Argo CD帮助手动同步Guestbook这个应用程序。

```
$ ./argocd-linux-amd64 app sync guestbook
TIMESTAMP                GROUP    KIND NAMESPACE    NAME
STATUS    HEALTH    HOOK MESSAGE
2020-09-13T17:25:41+00:00   Service    default   guestbook-ui
OutOfSync Missing
2020-09-13T17:25:41+00:00 apps Deployment  default    guestbook-ui
OutOfSync Missing
```

```
2020-09-13T17:25:41+00:00         Service    default  guestbook-ui
Synced Healthy
...
```

执行完毕后,可以马上查看网页用户界面上的状态,可以看到图标与颜色都改变了,如图6-9所示。Argo CD界面中的绿色代表的是同步,所以Guestbook中的所有资源都顺利地部署到Kubernetes中,这时候通过kubectl指令也可以看到应用程序都顺利地安装到目标集群中。

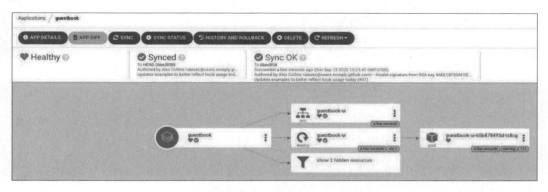

图 6-9　Argo CD 应用程序同步成功

Argo CD的网页用户界面除了提供简单的查看功能外,还可以查看应用程序内的日志信息和当前资源的状态,其中一个非常好用的功能就是状态对比。该功能可以对比Git上描述的状态与集群内运行资源的状态之间有哪些差异。

为了展示这个功能,先通过kubectl指令将部署的replica数量从1个变成4个,范例如下:

```
$ kubectl scale --replicas=4 deployment guestbook-ui
$ kubectl get pods
NAME                            READY STATUS    RESTARTS  AGE
guestbook-ui-65b878495d-7fthl   1/1   Running   0         15s
guestbook-ui-65b878495d-hw9mt   1/1   Running   0         15s
guestbook-ui-65b878495d-trsmz   1/1   Running   0         15s
guestbook-ui-65b878495d-ts8cg   1/1   Running   0         4m39s
```

当确认Pod的数量已经变成4个之后,就可以回到网页用户界面去查看Guestbook应用程序的状态。如图6-10所示,有一些差异出现了。

● 应用程序的状态从SYNCED变成OutOfSync。

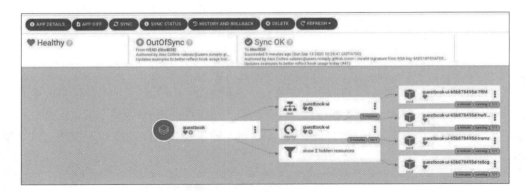

图 6-10   Argo CD 应用程序 OutOfSync

- 拓扑图中 Deployment 的图标从对号变成一个向上的箭头，这意味着 Deployment 的状态并没有完全一致。

这里要注意的是，因为应用程序没有打开自动同步的功能，所以用户通过 kubectl 修改的状态不会被自动修复，而是会维持在集群中。

由于已经确认是 Deployment 状态不一致，因此选择该对象后可以通过状态 diff 的选项看到更细致的差异，如图 6-11 所示。从中可以清楚地知道状态差异的原因是 replica 数量的不同。

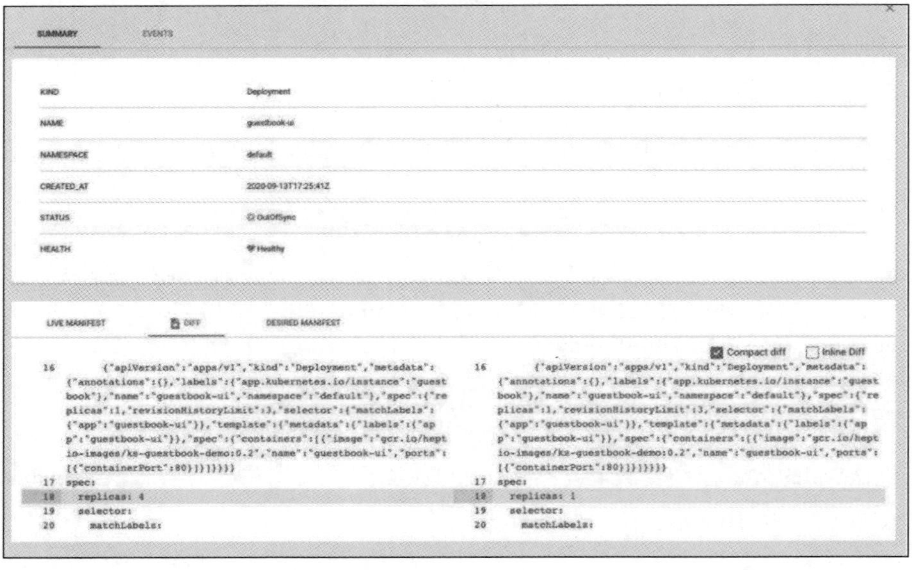

图 6-11   Argo CD 显示状态的差异

本章展示了如何通过Argo CD来轻松部署应用程序，实际上Argo CD内还有很多有趣且实用的功能，例如通过GitOps的方式来管理Argo CD的设置，而不是用本章所介绍的网页用户界面与命令行界面来进行设置。

命令行界面相对于网页用户界面能执行更多的操作，Argo CD的高级功能都不能通过网页用户界面来设置，而要通过命令行界面来设置，或者通过修改Argo CD YAML的方式来设置。

如果想把GitOps导入团队中，那么一定要尝试这类解决方案，不论是本章介绍的Argo CD还是前面章节介绍的Flux和Rancher Fleet，都值得经过使用后来评估。

● 作者提示 ●

熟悉 IaC 的读者应该很习惯通过程序代码的方式去管理系统，而 Argo CD 支持直接修改 YAML 的方式来管理系统，也就是最初安装 Argo CD 时安装一系列的 ConfigMap 与 Secret。

推荐的管理设置方式是通过 YAML 设置 Argo CD，并把 YAML 用于 Git 项目维护。

接着把该 Git 项目加入 Argo CD 中，让 Argo CD 去管理这个项目。

在未来有任何针对 Argo CD 设置修改的需求时，就针对该 Git 项目去修改 YAML 并合并到项目内，后续就依靠 Argo CD 将修改后的 YAML 更新至 Argo CD 自身。

第 7 章
自行搭建容器注册表

前面介绍了非常多持续集成/持续部署与Kubernetes互动的方式，包括如何打包应用程序、本地开发测试该如何使用Kubernetes、CI/CD Pipeline的架构与用法以及通过GitOps来实现不同的部署方式，所有的过程中都可以看到某个组件不停地被提及，这个组件就是容器注册表。

在DevOps的世界中，每个组件都有属于自己的故事与主题，对于容器注册表，笔者认为值得思考的方面有：

- 使用SaaS平台服务或自行搭建维护。
- 是否支持私有注册表（Private Registry），数量上是否有限制。
- 是否支持权限管控，团队中可否根据不同身份授予不同权限。
- 是否有Webhook可以与后续的Pipeline或其他系统联动。
- 与Git项目是否可以自动联动，可根据程序代码的改变而自动构建Dockerfile。
- 是否支持弱点扫描，检查当前容器注册表内所有镜像是否有潜在安全性的问题。
- 操作方面是否简单易用。
- 存储空间方面是否有相关功能，例如定期清理特定规则的镜像以使每个项目能有可使用的空间。

上述每个主题都很有趣，如同探讨Pipeline系统时的思路一样，一个不可避免的主题是该服务到底要使用SaaS还是自行搭建。SaaS服务最知名的是Docker Hub，因此先来探讨一下Docker Hub使用上的优缺点。

≫ 7.1　Docker Hub 介绍

笔者认为近10年大部分踏入容器化世界的开发人员或用户第一个接触的容器解决方案都是Docker容器，后续通常会使用Docker Hub这个由Docker提供的容器注册表作为第一个接触的容器注册表解决方案。

Docker Hub使用起来非常方便，特别是GitHub或Bitbucket等系统都有自动构建的功能，只要在项目内准备一个Dockerfile的文件，就可以让Docker Hub自动帮我们部署相关的镜像并存放到Docker Hub上，而且整体的设置也非常简单，只需要在网页上单击几个按钮即可。

这种机制为很多开发人员提供了极大的便利性，不需要额外的CI Pipeline系统来处理这一切，只需专注于程序代码的修改，当修改被合并后，只需要等待一段时间，镜像就会自动产生并可以在世界各地开始使用。

● 作者提示 ●

很多开发者都会自己准备一个属于自己的镜像，里面放置各种调试工具或使用工具。这种类型的项目没有任何程序代码，单纯由一个 Dockerfile 组成，而上述联动使得这种类型项目的维护变得非常简单，只需要对 Dockerfile 进行修正，就会有新版镜像可供使用。

随着项目规模与团队发展的变化，Docker Hub开始无法满足所有应用场景。举例来说，有些产业的计算资源构建于本地机房，而非云端资源。同时，基于保密等安全性需求，要求所有的资源都必须存放在本地机器中，不能使用云端的容器注册表来放置镜像。在这种情况下，就不能使用Docker Hub作为容器镜像的存储仓库，要思考的是能否有办法自行搭建一个本地维护的容器注册表。

更多的应用场景与网络问题有关，因为容器镜像的容量说大不大，说小不小，几百MB到几GB都有，如果遇到网络速度瓶颈的问题，就会发生抓取一个镜像需要花费很长的等待时间的问题，特别是当整个应用程序需要许多容器镜像时，整体体验就会更加不好。

Docker 针对 Docker Hub 的用户反馈开设了一个专门的 Git 项目，名为docker/hub-feedback[1]，里面基本都是关于使用上遇到的网络问题。

举例来说，Extremely Slow Image Pulls[2]这个2018年开启的Issue，直到2021年都还保持开放的状态，遇到问题的用户都会来这里讨论。

当Docker Hub发生任何问题而导致不能访问时，团队基本上什么事情都不能做，唯一可以做的就是不停地刷新Docker Hub的状态页面，祈祷对方快点完成修复。这也是使用SaaS服务的一个隐患。

1. Docker Hub方案比较

团队有时候有一些不想公开的容器镜像，这时候就需要私有注册表的支持，对于Docker Hub来说，这一功能的限制与使用取决于付费方案的选择，如图7-1所示。

若团队选择免费方案，则只能有一个私有注册表，这也是众多个人开发人员会选择的方案。若需要开启多个私有注册表，则需要选择付费方案，分为个人专业用户和团队用户。团队用户根据用户的数量来收费，每个月每个人需要7美元，因此若团队中需要10个相关账号，则每个月至少有70美元的额外支出。

1 https://github.com/docker/hub-feedback

2 https://github.com/docker/hub-feedback/issues/1675

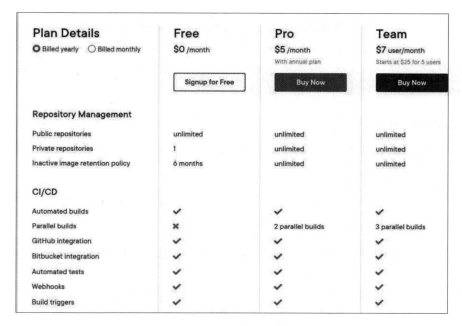

图 7-1 Docker Hub 付费方案比较

这种随着用户数量而增加的支出是非常可怕且容易被忽略的。很多团队遇到这类订阅方案会随机应变。由于产品是以团队为中心开发的，真的有必要团队中每个人都有一个独立的账号吗？很多时候只需要一两个不同的账号去进行读写处理，团队中会用到的开发人员彼此共享这些账号和密码也不失为一种选择。

当然，这种使用方式会使得权限管控变得不透明并且当灾难发生时不容易找出当前到底是谁造成的问题。不过还是老生常谈，不存在一个完美的解决方案，团队需要理清需求，接着评估不同的使用方式带来的工作流程是否有效率且可被大家接受。

<<< 硅谷经验分享 >>>

团队评估问题时，建议从两个方面去思考，分别是哪些优点我喜欢和哪些缺点我不能接受。

以上述在 Docker Hub 团队的付费方案中采用共享账户为例，优点是可以节省花费，而缺点是账号管控不透明，只有详细列出彼此的优缺点后，团队才有办法去评估是否决定使用。

如果有一个解决方案带来诸多优点与特色，但是有一个缺失完全无法遵守公司的某些规范，在这种情况下就要果断放弃，寻找下一个解决方案。

种种考虑下，自行搭建容器注册表的需求逐渐出现，不论是为了成本、为了功能还是其他因素，SaaS与自行搭建方案的比较从来没有停止过。不同开源项目提供的容器注册表功能也都不尽相同，在这种情况下就需要有人对每套软件进行评估，找出一套适合自己团队的服务，评估一轮后转回使用SaaS商用解决方案都很常见。

2. Docker Hub用户条款

在使用SaaS服务的情况下，服务提供商的各种举动都可能给庞大用户带来巨大影响。

举例来说，2020年12月，Docker Hub的用户条款更新[1]，该条款的更新列表中有部分举动撼动了所有Docker Hub的用户。也正因为这个因素，导致不少团队开始思考自行搭建服务或采用其他的措施。影响较大的更新条款有：

- 若一个镜像存储库（Image Repository）6个月内没有任何读写操作（Push/Pull），则该镜像存储库会被自动删除。
- 非认证的用户或免费版本的用户在一定时间内有下载量的限制。
    ① 非认证的用户每6个小时只能推送镜像100次。
    ② 认证的免费用户每6个小时只能推送镜像200次。

对于广大使用免费方案的开发团队来说，第二个更新对工作流程造成了巨大的影响。该问题影响的是规定时间内可以下载镜像的数量，当整个工作环境都迁移到Kubernetes内部时，由于所有的计算资源都必须先经过容器化，因此每次部署都可能会导致大量下载容器镜像，特别是把Kubernetes集成到CI过程时，每次测试都会重新下载所有用到的容器镜像。只要容器镜像的数量够多，很容易就会触及上述限制，随后所有的部署都会失败，Kubernetes也会看到大量的错误提示，指出容器镜像受到限制而无法顺利抓取。

其他可能的问题还有Dockerfile构建过程中的基本镜像（Base Image）也会受到上述规范的限制，种种应用场景都会因为这类规范的影响而导致无法顺利运行。

不少团队开始思考如何在不花钱的情况下解决这些问题，例如*avoiding the docker hub retention limit*[2]这篇文章所讲述的方式。如果不行就会转战其他的SaaS平台或研究自行搭建的可能性。

---

1 https://www.docker.com/legal/docker-terms-service

2 https://poweruser.blog/avoiding-the-docker-hub-retention-limit-e18cdcacdfde

没有免费的午餐，享受免费方案的同时也要多注意用户条款，如果发现这些条款的修正会影响自己的应用场景甚至让整体工作流程被打乱，就必须正视这个问题，思考通过切换SaaS，自行搭建或采用付费方案等手段来解决。

≫ 7.2　其他容器注册表的方案介绍

看完Docker Hub的优缺点后，接着探讨一下如果要自架容器注册表，那么有哪些解决方案可以使用。

再次回顾一下选择容器注册表时要考虑的功能：

- 使用SaaS平台服务或自行搭建和维护。
- 是否支持私有注册表，数量上是否有限制。
- 是否支持权限管控，团队中可否根据不同身份授予不同权限。
- 是否有Webhook可以与后续的Pipeline或其他系统联动。
- 与Git项目是否可以自动联动，可根据程序代码的改变而自动构建Dockerfile。
- 是否支持弱点扫描，检查当前容器注册表内所有镜像是否有潜在安全性的问题。
- 操作方面是否简单易用。
- 存储空间方面是否有管控功能，例如定期清理没有标记的镜像以及对每个项目设置可使用空间的上限。

与自行搭建Pipeline系统一样，自行搭建与免费是两回事，就如同SaaS与付费也是两回事一样。因此，在选择时千万不要掉入这个思考盲点。

1. Docker Registry 2.0

Docker Registry 2.0是由Docker维护的开源项目，为开发人员提供一个自行搭建Docker注册表的选项。使用上非常简单，通过Docker容器的相关指令就可以轻松创建一个Docker Registry 2.0的服务器。

```
$ docker run -d -p 5000:5000 --restart always --name registry registry:2
```

通过上述一行指令就完成了Docker Registry 2.0的创建。

要特别注意的是，Docker Registry并没有提供进行相关管理的用户界面，只能通过docker指令去读写容器镜像或使用Curl指令来发送请求，多人管控以及操作上非常不便利，因而不推荐将它用于团队生产环境中。

为了解决管理不方便的问题，GitHub也有相关项目用于解决这个问题，例如Joxit/docker-registry-ui[1]。采用这些项目，用户可以有一个相对可用的接口去管控Docker Registry 2.0，但是这种情况带来了第二个严重的问题：整个容器注册表的服务变成由两个不同的开发团队维护，这可能会导致集成不够顺利，相关的问题不能实时处理等。所以如果不是一个非常简单的环境，不推荐使用Docker Registry 2.0作为一个长期的解决方案。

除了用户界面外，Docker官方还有不少文章探讨其他的主题，例如存储方面有篇标题为*Customize the storage back-end*[2]的文章介绍如何设置后端的存储方式。外部服务如果想要通过HTTPS来存取Docker Registry 2.0服务器，官方标题为*Let's Encrypt*[3]的文章解释了如何集成外部服务以提供HTTPS的存取。

权限管控部分的功能没有其他项目的功能强大，大部分都要与外部服务配合来实现完整的功能，网络上也有不少文章（如*Reverse Proxy + SSL + LDAP for Docker*[4]）探讨如何实现权限管控功能。

总之，在2021年有非常多的开源项目与SaaS平台可以提供容器注册表的服务，Docker Registry 2.0本身功能的缺乏使其不会被列入笔者评估与考虑的候选名单中。

2. Harbor

Harbor是由VMWare开源的容器注册表项目，笔者个人推荐使用Harbor，其中一个原因是该项目是CNCF毕业项目[5]。要成为CNCF毕业项目，必须要满足一些条件，虽然没有一个容器注册表项目可以符合所有团队的需求，但就社区使用程度与社区贡献程度来看，Harbor是一个有众多活跃用户且有开发团队积极维护的项目，并不是一个无人问津的项目。未来遇到问题时不用担心找不到地方发问与寻找可能的解决方法。

Harbor项目的目标非常简单，官网的介绍如下：

Our mission is to be the trusted cloud native repository for Kubernetes。

Harbor是针对Kubernetes生态系统所开发的一个容器注册表，因此在使用上势必会以如何与Kubernetes集成作为其目标，对于广大Kubernetes用户来说不失为一个有利的特色。

1　https://github.com/Joxit/docker-registry-ui

2　https://docs.docker.com/registry/deploying/#customize-the-storage-back-end

3　https://docs.docker.com/registry/deploying/#support-for-lets-encrypt

4　https://medium.com/@two.oes/reverse-proxy-ssl-ldap-for-docker-registry-805539daaa94

5　https://www.cncf.io/projects/

Harbor的特色与功能非常多，下面简单列举一下。

- 支持LDAP、AD以及OIDC等不同的登录方式，通过OIDC能够顺利地衔接到Google、SAML、GitHub、GitLab等不同的账号系统。
- Harbor v2.0支持OCI标准，Harbor不但可以存放容器镜像，也可以存放Helm3相关文件，未来可以通过一个Harbor服务器同时维护容器镜像与Helm Chart。
- 支持不同的安全性扫描引擎，可自动和手动扫描所有容器镜像并提供详细的报告。
- 可串接其他常见的容器注册表，串接后可以复制远端内容或将本地的镜像自动推送到远端。

3. Cloud Provider Registry

除了自行搭建外，三大公有云厂商AWS、Azure、GCP都有针对自家平台提供SaaS服务的容器注册表。使用这些注册表的好处是它们与自家的运算平台都会有良好的集成，同时服务方面也会有比较好的支持。

这些SaaS服务都有免费版与收费版，以AWS的Elastic Container Registry（ECR）为例，图7-2列出了ECR服务的计费方式以及计费价格。

Pricing details

Storage:

- Storage is $0.10 per GB-month

Data transfer: **

Region: US East (Ohio) ◆

	Pricing
Data Transfer IN	
All data transfer in	$0.00 per GB
Data Transfer OUT ***	
Up to 1 GB / Month	$0.00 per GB
Next 9.999 TB / Month	$0.09 per GB
Next 40 TB / Month	$0.085 per GB
Next 100 TB / Month	$0.07 per GB
Greater than 150 TB / Month	$0.05 per GB

图 7-2　AWS ECR 的收费方案

其计费方式分成两部分，分别是存储空间与网络流量，存储空间是以GB为单位计费的，对于一个1GB的容器镜像，每个月的费用为0.1美元，假设团队租用1TB大小的存储空间，那么每个月需花费将近100美元。

网络流量则分成流入ECR与从ECR流出两个不同方向。流入ECR的流量都不用算钱，意味着Docker Push这类操作都不需要付费，但是Docker Pull这种抓取镜像的操作则需要付费。

流量计费采取分级制度，根据每个月流量所属等级而采取不同的单位价格，假设团队每个月需要抓取20TB的流量，每GB的价格就是0.085美元，这样大概一个月要额外支出1700美元。如果团队规模更大，使用数量越多，则付出的成本就越高。

使用SaaS服务有很多优点，包含不需要自行维护服务器，从软件到硬件可以全部交由服务供货商去处理，自己只要专心处理应用的逻辑即可，不过成本考虑是一个需要注意的事项。

4. 其他

除了上述探讨的选项外，还有其他的开源项目能够用来自行搭建容器注册表，例如由SUSE维护的开源项目Portus[1]，其专注于集成Docker注册表并强化其功能，例如加入了LDAP集成等功能。

但是，观察该项目在GitHub的内容，显示已经长达两年没有任何更新，甚至其最新的Issue都在探讨该项目是否已经被放弃了。

有网友发现SUSE后来在自家的项目caps-automation中描述会使用Harbor作为其私有注册表，估计SUSE将采用Harbor作为其容器管理平台，而放弃自主研发的Portus。

如果本身已经是使用Gitlab的团队，则可以考虑直接使用Gitlab容器注册表，其直接集成了Gitlab与Docker Registry，提供了良好的接口让我们管控容器注册表，好处是可以将程序代码的管理与镜像的管理同时通过Gitlab来集成。

≫ 7.3 自行搭建注册表：以 Harbor 为例

在前面的章节中探讨了Docker Hub以及其他不同的容器注册表解决方案，本节将示范如何通过Harbor搭建一个容器注册表。

在前面的章节中稍微提及了一些Harbor注册表的特色，本节将补充更多关于Harbor的特色与架构，如图7-3所示。

---

1 http://port.us.org/

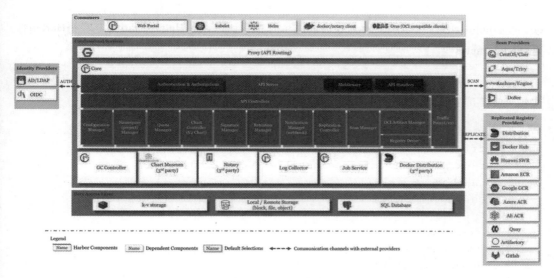

图 7-3　Harbor 架构

架构图中有非常多的组件及其特色功能，说明如下：

- 最上层的Consumers为Harbor注册表服务器的用户，这里列出了5个，分别是Harbor的WebUI、Kubelet、Helm、Docker/Notary以及任何OCI兼容的软件。
  因为Helm v3也正式支持OCI的规格，使得支持OCI规格的Harbor能够更加顺利地集成Helm Chart。如前文所述，Harbor未来不仅仅是一个容器注册表，还是一个提供Helm Chart的服务器。
- 最左边的区块 Identity Providers 表示 Harbor支持哪些协议进行用户身份识别，可以通过AD、LDAP 常见协议来认证，甚至可直接支持OIDC（Open Connect ID）。采用后者可以支持更多不同的认证系统。
- 右边的SCAN系统代表的是Harbor内建的安全性扫描系统，安装Harbor时可以选择安装哪些扫描工具，例如Clair、Trivy等。
- 右边的第二分区块则表示与其他容器注册表的兼容性，Harbor可以与其他容器注册表联动，把远端的镜像复制到本地，作为一个备份，甚至用于缓存。
- 中间的整个区块就是Harbor服务本身，最前方通过Nginx作为一个Reverse Proxy来提供存取服务，中间则是各种各样的组件。在实际安装过程中，这些组件都是一个个独立的容器，因此安装时建议通过docker-compose或Helm Chart等方式来进行部署。

7.3.1　安装 Harbor 并存取

Harbor提供了不少安装方式，如果想用单个服务器去部署 Harbor ，可以使用

docker-compose的方式来启动所有服务。复杂一点也可以通过Helm Chart的方式将Harbor部署到Kubernetes内。

下面将示范使用docker-compose的方式来部署一个Harbor注册表。首先到官方网站寻找相关版本的安装资源，下载后解压缩。

```
$ wget https://github.com/goharbor/harbor/releases/download/v2.0.2/
harbor-offline-installer-v2.0.2.tgz
$ tar -xvf harbor-offline-installer-v2.0.2.tgz
$ cd harbor
$ tree .
.
├── common.sh
├── harbor.v2.0.2.tar.gz
├── harbor.yml.tmpl
├── install.sh
├── LICENSE
└── prepare
```

Harbor的安装很简单，通过docker-compose的方式启动所有的容器，而docker-compose文件会根据用户的设置而动态产生。这些docker-compose文件在使用时的流程非常类似。

步骤01 设置 Harbor 的配置文件。

步骤02 通过 Harbor 的指令产生最终的 docker-compose 文件。

步骤03 通过 docker-compose 指令启动服务。

1. 设置Harbor注册表

前面章节的架构图显示Harbor内部有非常多的组件，每个组件都有各自的细节设置，因此Harbor的配置文件内容非常丰富，有非常多的小细节可以处理，例如HTTPS 凭证位置、默认的账号和密码等。

解压缩Harbor的安装内容后，会得到一个名为harbor.yml.tmpl的文件，需要将其重新命名为harbor.yml并对其进行修改，以下是笔者修改的范例：

```
# Configuration file of Harbor

# The IP address or hostname to access admin UI and registry service.
# DO NOT use localhost or 127.0.0.1, because Harbor needs to be accessed
by external clients.
```

```
hostname: registry.hwchiu.com

# http related config
http:
# port for http, default is 80. If https enabled, this port will redirect
to https port
  port: 80

# https related config
https:
# https port for harbor, default is 443
  port: 443
# The path of cert and key files for nginx
  certificate: /etc/letsencrypt/live/registry.hwchiu.com/fullchain.pem
private_key: /etc/letsencrypt/live/registry.hwchiu.com/privkey.pem
  ...
```

笔者的环境中事先通过Let's Encrypt取得了一组针对registry.hwchiu.com的凭证，并且将
registry.hwchiu.com指向笔者的环境。

因此，在Harbor的设置文件中需要设置好证书路径以及hostname等字段，这些选项都会
设置到Harbor内的Nginx中。

<<< 硅谷经验分享 >>>

Harbor 没有与 Let's Encrypt 集成，意味着如果采用这种方式，那么我们的凭证每 3 个
月就要过期一次。解决的方式是当 Let's Encrypt 相关工具进行凭证更新（Renew）时，
如果得到新的凭证，就要重新启动 Harbor 将凭证载入。
还有一种解决方案是通过外部服务来搭建 Load-Balancer，让 Harbor 使用 HTTP 连接。

配置文件准备完毕后，通过Harbor文件夹内的prepare脚本来执行，该脚本会下载相关
的容器并将配置文件转化为真正的docker-compose文件。

```
$ ./prepare --with-trivy --with-chartmuseum
prepare base dir is set to /home/ubuntu/harbor
Generated configuration file: /config/log/logrotate.conf
Generated configuration file: /config/log/rsyslog_docker.conf
Generated configuration file: /config/nginx/nginx.conf
Generated configuration file: /config/core/env
Generated configuration file: /config/core/app.conf
Generated configuration file: /config/registry/config.yml
```

```
Generated configuration file: /config/registryctl/env
Generated configuration file: /config/registryctl/config.yml
Generated configuration file: /config/db/env
Generated configuration file: /config/jobservice/env
Generated configuration file: /config/jobservice/config.yml
loaded secret from file: /data/secret/keys/secretkey
Generated configuration file: /config/trivy-adapter/env
Generated configuration file: /config/chartserver/env
Generated configuration file: /compose_location/docker-compose.yml
Clean up the input dir
```

执行prepare时也可以加入相关参数去启动其他组件，例如指定想要使用的安全性扫描项目，以及是否支持Helm Chart的服务。

执行完毕后，使用tree指令可以看到环境中产生了一个名为common的文件夹，其底下根据不同服务产生了不同的配置文件。最外层则产生了docker-compose.yml的文件供用户启动整个Harbor服务。

```
$ tree .
.
├── common
│   └── config
│   ├── chartserver
│   │   └── env
│   ├── core
│   │   ├── app.conf
│   │   ├── certificates
│   │   └── env
│   ├── db
│   │   └── env
│   ├── jobservice
│   │   ├── config.yml
│   │   └── env
│   ├── log
│   │   ├── logrotate.conf
│   │   └── rsyslog_docker.conf
│   ├── nginx
│   │   ├── conf.d
│   │   └── nginx.conf
...
```

```
    ├──── common.sh
    ├──── docker-compose.yml
    ├──── harbor.v2.0.2.tar.gz
    ├──── harbor.yml
    ├──── harbor.yml.tmpl
    ├──── install.sh
    ├──── LICENSE
    └──── prepare
```

准备就绪后，通过docker-compose的方式启动整个服务。

```
$ docker-compose up -d
...
$ docker-compose ps
     Name         Command                  State
Ports
----------------------------------------------------------------------
----------------------------------------
chartmuseum       ./docker-entrypoint.sh  Up (healthy) 9999/tcp
harbor-core       /harbor/entrypoint.sh   Up (healthy)
harbor-db         /docker-entrypoint.sh   Up (healthy) 5432/tcp

harbor-jobservice /harbor/entrypoint.sh            Up (healthy)
harbor-log        /bin/sh -c /usr/local/bin/ ... Up (healthy)
127.0.0.1:1514->10514/tcp
harbor-portal     nginx -g daemon off;             Up (healthy) 8080/tcp
nginx             nginx -g daemon off;         Up (healthy) 0.0.0.0:80
->8080/tcp, 0.0.0.0:443->8443/tcp
redis             redis-server /etc/redis.conf  Up (healthy) 6379/tcp
registry          /home/harbor/entrypoint.sh    Up (healthy) 5000/tcp
registryctl       /home/harbor/start.sh         Up (healthy)
trivy-adapter     /home/scanner/entrypoint.sh Up (healthy) 8080/tcp
```

启动服务后，通过docker-compose的指令可以看到总共启动了11个相关的服务。要特别注意的是，因为Harbor内部已经有一个Nginx，所以如果系统外有自己搭建的Nginx，那么必须对HTTP Header进行特别处理。

2. 存取Harbor

前面没有特别提到的是，harbor.yml.tpl内有一个默认的登录密码Harbor12345，该密码搭配账号admin可用来存取Harbor的网页服务。

如果只是测试评估Harbor项目，使用这个默认密码即可，但是有正式上线需求时，记得要修改成更强的密码。

由于前面设置时将hostname指向了registry.hwchiu.com，因此可通过浏览器存取https://registry.hwchiu.com，并使用admin/Harbor12345登录服务，如图7-4和图7-5所示。

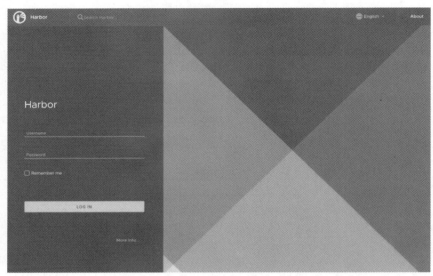

图 7-4   Harbor 首页

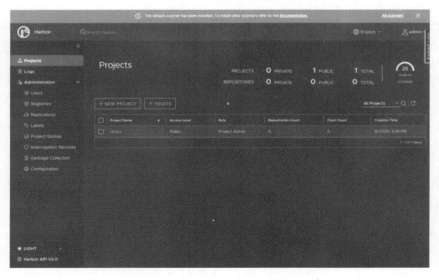

图 7-5   Harbor 登录后的页面

7.3.2　功能示范

搭建完毕并且可以通过网页存取Harbor注册表后，接下来测试3个方面的功能：

- 推送/拉取容器镜像。
- 安全性扫描。
- 其他功能。

1. 推送/拉取容器镜像

为了测试这个功能，首先必须在Harbor注册表上创建一个新项目，Harbor的一个特色是网页用户界面简单，按照文字提示就可以完成基本操作。下面按照文字提示创建一个测试用的项目，不要勾选Public选项，将该项目设置成私有的（Private），即需要授权才可以使用的项目。创建项目的页面如图7-6所示。

图 7-6　Harbor 创建项目

创建完毕后，进入该项目的界面，设计如同Docker Hub一样，都会提示该项目如何使用，例如docker push、docker pull等指令应该使用的参数，如图7-7所示。

根据笔者所设置的hostname，所取得的push指令是docker push registry.hwchiu.com/ithome/REPOSITORY[:TAG]。这里要注意的是，Harbor 产生的URL是由server、project、repository、tag四个变量来决定的，一个项目下可以有很多个镜像库，每个镜像库内又可以有多个不同的标记。

图 7-7　Harbor 存取新项目范例的说明

在创建项目时没有勾选**Public**选项，因此该项目是私有的，需要通过登录的方式来存取，为了完成整个推送镜像的测试，需要进行以下步骤：

步骤 **01**　通过 Docker login https://registry.hwchiu.com 指令来登录远端服务器。

步骤 **02**　准备一个测试用的容器镜像，并且通过 docker tag 指令将其重新命名以符合规则。

步骤 **03**　通过 docker push 指令将其推送到远端 Harbor 服务器。

```
$ docker login --username admin --password Harbor12345
https://registry.hwchiu.com
...
Login Succeeded
$ docker pull hwchiu/netutils
 [22/9415]
Using default tag: latest
latest: Pulling from hwchiu/netutils
...
$ docker tag hwchiu/netutils registry.hwchiu.com/ithome/netutils:latest
$ docker push registry.hwchiu.com/ithome/netutils:latest
The push refers to repository [registry.hwchiu.com/ithome/netutils]
```

```
...
latest: digest:
sha256:be44189c4ebb9923e15885eac9cc976c121029789c2ddc7b7862a976a3f752a5
size: 1569
```

● 作者提示 ●

如果需要在自动化系统中处理 docker login，切记不要使用范例中这种将密码直接显露的方式，这样系统输出任何执行的指令信息时，相关密码就会泄漏，非常危险。可参考官方文件使用不同的方式来满足 docker login 的需求。

当上述指令执行完毕后，回到Harbor注册表的网页用户界面，可以看到刚刚产生的镜像已经显示在网页中了，如图7-8所示。

图 7-8　推送第一个容器镜像

拉取的操作方式与推送的操作方式一样，对于所有私有的项目都需要进行相关认证，整个用法与过去使用Docker Hub一样，所以有使用Docker Hub经验的用户可以非常轻松地转移到Harbor服务上。

≪≪　硅谷经验分享　≫≫

对于上线的系统，没有人喜欢使用一组账号和密码打天下，就如同 Pipeline 系统一样，选择这些系统时，一定要考虑是否支持权限管控，根据不同的身份授予不同的权限。在帮助团队评估项目时，一定不要忽略这个细节。

2. 安全性扫描

下一个要测试的功能是安全性扫描。容器的安全性不可忽视，但又最容易被人忽略。鉴于容器简单使用的特性，很多应用程序可以快速地导入各种各样的容器镜像，这种情况下，很有可能使用一些有问题的容器镜像。另一种情况是使用Dockerfile时会使用各种基本镜像（Base Image），这些基本镜像可能有潜在的安全性问题。

Harbor默认集成了不同的安全性扫描功能，可以通过主动安排不同方式来扫描项目内所有镜像的安全性问题，并产生一个易读的报告。

接下来将展示如何通过Trivy这个安全性项目来对要推送的容器镜像进行扫描。

主动使用的方式非常简单，进入目标项目后，选中要检查的镜像标记，并在左上方单击SCAN按钮，就可以看到右方的进度条开始启动运行，代表扫描正在进行，如图7-9所示。

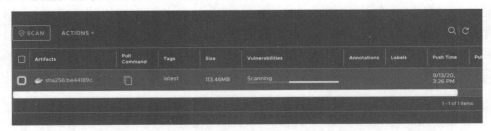

图7-9　安全性扫描——找出弱点

当状态条显示扫描完毕后，单击镜像的名称即可进入更详细的页面去查看镜像内的信息。由于刚刚用Trivy扫描完毕，因此可以看到非常详细的潜在危险性报告。

报告中会列出每个弱点的CVE信息，包含详细链接、严重等级等，如图7-10所示。

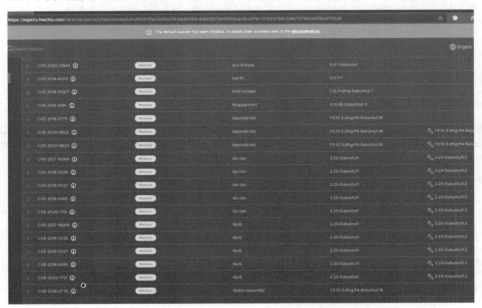

图7-10　安全性扫描报告

≪≪ 硅谷经验分享 ≫≫

Harbor除了主动扫描之外，也可以设置根据时间定期扫描，或者有任何镜像更新时自动扫描。

建议在选择任何容器注册表的解决方案时，也要把容器安全性考虑进去，不论是直接被容器注册表集成进去，还是通过别的方式扫描团队用到的所有容器镜像都是一个好的开始。

3. 其他功能导览

由于Harbor的功能很多，没有办法每个功能都逐一详细介绍，因此快速地展示几个重要的功能。

前面提到，任何系统都要考虑是否可以与团队本来使用的账号系统集成，这部分可以在Harbor的设置页面中进行设置，如图7-11所示。

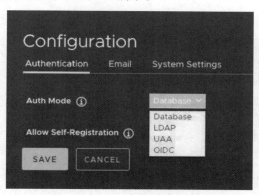

图 7-11　账号认证设置页面

在默认情况下，Harbor会使用内建的数据库来维护账号和密码，系统管理员可以直接在管理页面创建不同的用户与群组，并且对于具体项目，可以针对用户与群组给予不同的操作权限。

除了内建的数据库之外，Harbor也支持通过LDAP、UAA、ODIC等不同方式处理账号的登录。对于ODIC不熟悉的读者可以参考另一个CNCF著名项目Dex，通过该项目的设置，可以让Harbor与Google、GitHub、GitLab及其他种种服务进行集成。

一旦设置使用OIDC账号后，登录页面就会新增一个选项，告知用户通过OIDC登录，而原先的登录选项则保留给一开始的admin账号，如图7-12所示。

图 7-12　通过 OIDC 进行登录

　　最后来看复制（Replication）功能，通过此功能可以让Harbor注册表与其他的容器注册表联动来实现同步，如图7-13所示。

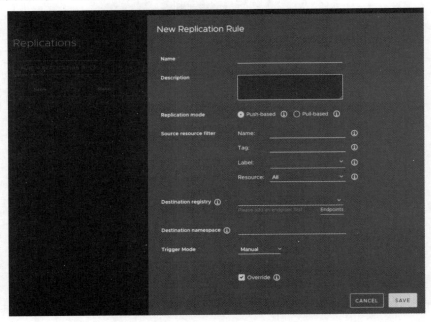

图 7-13　与其他容器注册表联动

　　同步的功能有两个意义，一个是主动将本地的镜像推送到远端的注册表，另一个是定期地将远端镜像拉回本地。

这项功能对于有大量容器注册表的团队来说非常有效，例如边缘计算的架构。

通过这项功能可以使得大部分要使用的容器镜像都有一个副本在本地，加快了本地服务的访问速度，通过这种多层次的架构来提供更灵活与弹性的管理。

Harbor注册表的介绍就到此为止，它还有不少有趣的功能，有兴趣的读者可以自行尝试。

≫ 7.4　自行搭建注册表与 Kubernetes

在前面的章节中探讨了如何通过Harbor注册表来搭建一套开源的容器注册表服务，有了这套服务后，接下来探讨如何将该服务与Kubernetes集成。

再次提醒，如果自行搭建的容器注册表使用的是自签的凭证，甚至根本没有HTTPS保护，那么与Kubernetes的集成会变得相对麻烦，有更多的设置需要处理。

假设Kubernetes节点中都使用Docker作为其容器解决方案，在这种情况下必须让dockerd这个应用程序去信任我们的自签凭证，甚至是采用HTTP连接，而不是HTTPS连接。官方文件[1]中有一篇文章专门探讨如何通过HTTP连接或连接自签凭证的容器注册表。

> **● 作者提示 ●**
>
> 有使用 HTTP 或自签凭证需求时，还要考虑未来需要新增节点时，该通过何种方式去设置。
> 可行的话，建议使用 HTTPS 并且准备一张被认可的凭证，减少在系统上的这些设置可以让工程团队更专心于业务方面的开发。

前面章节示范的Harbor注册表在搭建时使用Let's Encrypt的方式来提供一个HTTPS的连接方式，因此后续的范例都基于这种场景来探讨。

1. Kubernetes

调试和错误的排查与学习Kubernetes的一个常见技巧是，先思考如果没有Kubernetes的环境，面对一个问题要如何在一个相对简单的环境中进行设置。当这个问题解决后，我们

---

1 https://docs.docker.com/registry/insecure/

再回顾时就会发现要集成到Kubernetes中其实不困难，只要把之前使用过的参数重新找到，并设置好对应的字段，很多服务就可以顺利启动。

按照相同的思路，要在Kubernetes环境中存取容器注册表，先回过头来思考，这个操作要如何在Docker环境中执行。

注意，在容器注册表中的大部分设置下，私有的意味着该镜像库在没有权限时是不能执行推送和拉取操作的，也就是不能读，也不能写。而设置为公有的则是开放的，任何人都可以拉取，但是不能推送。也就是说，任何人都可以读取，但是只有获得授权的用户才可以写入。

前面章节示范本地推送功能时，通过docker login指令登录远端的容器注册表来授权获取相应的读写能力。Docker为了确保接下来的操作都能够保持这个登录的能力，实际上会在本地文件系统产生一份文件来记录本次登录的信息，该文件位置默认在Home目录下的.docker 隐藏文件夹内，若系统支持的话，则可以尝试使用~/.docker/config.json方式让系统帮忙展开为绝对路径，否则下列范例都需要自行转换为完整路径：

```
$ docker login --username admin --password Harbor12345
https://registry.hwchiu.com
WARNING! Using --password via the CLI is insecure. Use --password-stdin.
WARNING! Your password will be stored unencrypted in
/home/ubuntu/.docker/config.json.
Configure a credential helper to remove this warning. See
https://docs.docker.com/engine/reference/commandline/login/#credentials-
store

Login Succeeded
$ cat ~/.docker/config.json

{
    "auths": {
       "registry.hwchiu.com": {
          "auth": "YWRtaW46SGFyYm9yMTIzNDU="
       }
    },
    "HttpHeaders": {
       "User-Agent": "Docker-Client/19.03.12 (linux)"
    }
```

为了让Kubernetes满足登录远端的容器注册表，需要对其进行类似的设置来达到登录的效果。Kubernetes使用Secret这个对象来描述登录需要使用的信息，为了让用户便于设置，Kubernetes提供两种方式来创建该对象：

- 用户先在单机环境中通过docker login登录，接着将产生的~/.docker/config.json文件转换成Kubernetes Secret对象。
- 直接在Kubernetes Secret对象中使用账号和密码。

如果要使用第二种方式，可以使用命令行界面来处理。创建Secret对象时将其类型设置为docker-registry，并且按序传入账号和密码等。想要了解全部用法，可参考官方文件[1]，在文件中清楚地说明了具体的使用方式。

接下来的范例用于第一种使用方式，由于前面已经通过docker login完成了登录，系统中已经存在~/.docker/config.json文件，因此可以直接使用指令的方式将该文件转换为Secret对象。

```
$ kubectl create secret generic regcred \
    --from-file=.dockerconfigjson=~/.docker/config.json \
    --type=kubernetes.io/dockerconfigjson
```

上述指令会创建一个名为regcred的Secret对象，且创建时会使用Kubernetes.io/dockerconfigjson的数据格式来处理。

如果想要通过YAML来管理，可以通过base64的方式去编码~/.docker/config.json整个文件，并将结果填入.dockerconfigjson对象内，可参考如下范例：

```
$ cat harbor_secret.yaml
apiVersion: v1
kind: Secret
metadata:
    name: reg_yaml
data:
    .dockerconfigjson:
ewoJImF1dGhzIjogewoJCSJyZWdpc3RyeS5od2NoaXUuY29tIjogewoJCQkiYXV0aCI6ICJZ
V1J0YVc0NlNHRnlZbTl5TVRJek5EViT0iCgkJfQoJfSwKCSJIdHRwSGVhZGVycyI6IHsKCQki
VXNlci1BZ2VudCI6ICJEb2NrZXItQ2xpZW50LzE5LjAzLjEyIChsaW51eCkiCgl9Cn0= type:
kubernetes.io/dockerconfigjson
```

1 https://kubernetes.io/docs/tasks/configure-pod-container/pull-image-private-registry/

上述范例会在系统中创建一个名为reg_yaml的secret对象，采用的是base64编码的方式。

如果需要验证前面创建的Secret对象是否正确，可以将Secret的内容抓取出来，重新用base64译码，并与系统中的~/.docker/config.json进行比较，范例如下：

```
$ kubectl get secret regcred
--output="jsonpath={.data.\.dockerconfigjson}"
| base64 --decode
{
        "auths": {
           "registry.hwchiu.com": {
               "auth": "YWRtaW46SGFyYm9yMTIzNDU="
           }
        },
        "HttpHeaders": {
           "User-Agent": "Docker-Client/19.03.12 (linux)"
        }
$ kubectl get reg_yaml --output="jsonpath={.data.\.dockerconfigjson}" |
base64 --decode
{
        "auths": {
           "registry.hwchiu.com": {
               "auth": "YWRtaW46SGFyYm9yMTIzNDU="
           }
        },
        "HttpHeaders": {
           "User-Agent": "Docker-Client/19.03.12 (linux)"
        }
$ cat ~/.docker/config.json
{
        "auths": {
           "registry.hwchiu.com": {
           "auth": "YWRtaW46SGFyYm9yMTIzNDU="
           }
        },
        "HttpHeaders": {
           "User-Agent": "Docker-Client/19.03.12 (linux)"
        }
}
```

从上述比较可以看到通过YAML管理与使用kubectl直接创建的Secret对象都与系统上的内容一样。

当Secret准备完毕后，下一步就是告知Deployment需要使用刚刚准备的Secret来登录远端的容器注册表，而这个字段就是imagePullSecrets。

要注意的是，imagePullSecrets是一个基于Array属性的字段，意味着我们可以填入多个Secret对象，同时这个字段是针对所有容器进行设置的，也就是针对整个Pod进行设置的，因此编写YAML时该字段的层级与容器同级。

以下是一个简单的Deployment YAML对象，在imagePullSecrets的字段中描述了前面创建的regcred Secret。

```
$ cat deployment.yaml
apiVersion: apps/v1
kind: Deployment


metadata:
  name: harbor-private-1
  namespace: default
  labels:
      name: "harbor-private-1"
spec:
  replicas: 3
  selector:
...
  template:
...
  spec:
    containers:
      - image: registry.hwchiu.com/ithome/netutils:latest
        name: harbor
    imagePullSecrets:
      - name: regcred
$ kubectl apply -f deployment.yaml
deployment.apps/harbor-private-1 created
$ kubectl get pods
NAME                              READY STATUS  RESTARTS AGE
```

```
harbor-private-1-765997748-2gttp 1/1    Running 0       4s
harbor-private-1-765997748-c8fdz 1/1    Running 0       4s
harbor-private-1-765997748-mgpfx 1/1    Running 0       4s
```

接着把该Deployment部署到系统环境中，可以看到Pod都顺利启动了，代表前面的设置都没有问题。

● 作者提示 ●

如果使用Secret遇到问题而无法顺利存取，排除错误的第一件事就是通过kubectl describe去查看到底发生了什么事情。如果无法得到任何有用的信息，就要到Kubernetes节点中去查看相关的容器日志，里面有拉取镜像失败的详细说明，看看是否为凭证问题、账号和密码认证是否失败等。有些过于底层的原因kubectl是没有办法显示的。

---

2. Helm Chart 3

前面测试如何在Kubernetes中抓取Harbor 注册表中私有的镜像库，接下来测试Harbor强调的新功能，来看看通过Harbor同时管理Helm Chart和镜像到底会有什么样的效果。

为了示范本流程，必须使用Helm v3的版本，因为Helm v3才正式与OCI集成，能够由支持OCI的Harbor注册表一同管理。整个范例的过程如下：

- 通过helm指令创建一个测试用的Helm Chart。
- 将上述创建的Helm Chart打包。
- 通过helm指令登录远端的Harbor服务器。
- 通过helm指令把前面打包的Helm Chart上传到Harbor。
- 通过helm指令从Harbor抓取Helm Chart并将其更新到Kubernetes内。

由于目的是测试将Helm Chart与Harbor集成，因此Helm Chart的内容不是这里的重点，我们会通过Helm的指令快速创建一个测试用的Helm Chart。

接着通过helm chart save指令将当前位置的Helm Chart 打包，并给予一个对应的名称。该名称的概念与容器镜像的概念一致，用来描述该Helm Chart的位置以及相关的项目名称，范例如下：

```
$ helm create nginx
$ cd nginx
$ helm chart save . registry.hwchiu.com/ithome/nginx:ithome
```

```
ref:     registry.hwchiu.com/ithome/nginx:ithome
digest:  477087f52e48bcba75370928b0895735bc0c3c1d7612d82740dd69c2b70bbba4
size:    3.5 KiB
name:    nginx
version: 0.1.0
```

上述范例创建了一个名为nginx的基本Helm Chart，再将其打包，并将其设置到前面创建的Harbor注册表中的ithome项目下，其版本命名为ithome。

接着需要通过helm指令登录远端的注册表，要注意以下范例使用的Helm v3.3.4版本还没有完全正式开放这个功能，使用时需要设置一个特别的环境变量HELM_EXPERIMENTAL_OCI来告知Helm开启这个功能。

```
$ export HELM_EXPERIMENTAL_OCI=1
$ helm registry login -u admin registry.hwchiu.com

Password:
Login succeeded
```

使用的方式非常简单，通过helm registry login指令按序传入要使用的账号、密码与目标服务器即可。

完成上述两个步骤后，接着通过helm chart push指令将刚刚打包好的Helm Chart推送到远端服务器，这里的操作方式与容器镜像的操作方式一样。

```
$ helm chart push registry.hwchiu.com/ithome/nginx:ithome
The push refers to repository [registry.hwchiu.com/ithome/nginx] ref:
            registry.hwchiu.com/ithome/nginx:ithome
digest:  477087f52e48bcba75370928b0895735bc0c3c1d7612d82740dd69c2b70bbba4
size:    3.5 KiB
name:    nginx
version: 0.1.0
ithome: pushed to remote (1 layer, 3.5 KiB total)
```

看到上述指令后，可以马上通过浏览器到Harbor网站内查看ithome项目内是否多出了一个项目，如图7-14所示。

图 7-14　在 Harbor 内浏览 Helm Charts

单击该对象后，可以看到更多关于Helm Chart的信息，包含Chart.yaml内的版本信息以及基本的values.yaml内容等。

通过查看细节，可以看到里面的信息包含Charts的数据，还有相关的values.yaml，通过Harbor这套注册表确实保存了我们的Helm Charts，如图7-15所示。

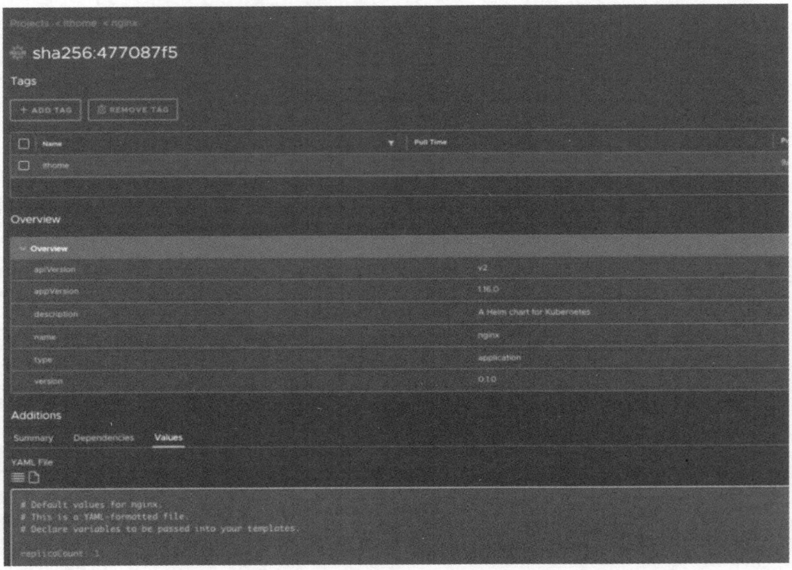

图 7-15　通过 Harbor 浏览 Helm Chart 细节

由于远端Harbor已经存放了前面创建的Helm Charts，下一步就是尝试通过Helm指令从Harbor抓取出来并推送到Kubernetes内。

为了避免与前面创建的文件夹搞混，先将前面创建的Helm Chart删除。

```
$ cd ../
$ rm -rf nginx
```

接着通过helm chart export指令将远端Harbor注册表的内容抓取下来放到本地文件夹中，再通过helm install指令去安装。

```
$ helm chart export registry.hwchiu.com/ithome/nginx:ithome
ref:    registry.hwchiu.com/ithome/nginx:ithome
digest:
477087f52e48bcba75370928b0895735bc0c3c1d7612d82740dd69c2b70bbba4
size: 3.5 KiB
name: nginx
version: 0.1.0
Exported chart to nginx/
$ helm install ithome nginx/
$ helm ls
NAME       NAMESPACE       REVISION      UPDATED
STATUS          CHART           APP VERSION
ithome     default         1             2020-09-13 23:49:47.200022078
+0000 UTC deployed nginx-0.1.0 1.16.0
```

看到这里，熟悉Helm的读者可能会觉得用起来不是很方便，竟然还要先将文件下载到本地，再使用helm install指令去安装。无法直接通过helm install指令去安装远端的Helm Charts，可能会给很多自动化程序在修改时带来麻烦。

这点的确是目前Helm需要改进的地方，这也是这个功能在默认情况下是关闭的原因，必须通过环境变量打开这个实验性的功能才可以进行测试。

相信随着开发与集成的不断改进，未来应该有机会让整个安装过程更加简单，一旦安装过程和过往操作习惯一致，Harbor注册表就能够真正取代过往的Helm Chart服务器。届时管理人员需要维护的服务器数量就会更少，同时也可以利用Harbor的权限管理系统来管理Helm Chart的存取。

第 **8** 章
探讨通过 CD 部署机密信息

前一章探讨了关于容器注册表的各种主题，关于持续集成/持续部署与Kubernetes的主题就只剩下最后一部分需要探讨了，也就是机密信息的管理与部署。

通过CI/CD Pipeline的设计，团队可以通过全自动化的操作或运维人员手动触发这些部署流程让Pipeline系统通过程序化的方式将一切步骤处理完毕，最后将应用程序部署到目标Kubernetes集群中。

然而，就是这些自动化的步骤会给团队带来额外的隐患。对于一个基于自动化运行的程序，要如何将机密信息（如应用程序的账号和密码、存取第三方程序所需的Key（键）或Token（令牌））置入每个环节，同时又希望整个流程都符合信息安全的设计，这一切就面临巨大的挑战。

此外，如果Pipeline系统会自动输出所有步骤的信息，也希望这些信息不能被相关的日志一同输出，就需要通过一系列的设置与操作来减少造成信息安全风险的机会。

除了Pipeline系统的架构设计外，如何将应用程序打包也会影响不同的解决方案，例如使用原生YAML、Helm、Kustomize等都会有不同的操作方法。

假设要准备一个应用程序，该应用程序部署到Kubernetes后需要准备一个密码，该密码会通过Kubernetes Secret的方式去打包，并且应用程序运行起来后会通过这组密码与远端的数据库沟通，接着来看一下在这种场景下不同的应用程序打包方法有什么不同思路。

1. Helm

通过Helm部署应用程序时，可以通过values.yaml的方式来定制化所有template里面的信息，此外安装时也可以通过--set这个指令参数设置覆盖事先准备好的数值。

基于此概念，可以在Helm Chart内准备一个Kubernetes Secret的对象，该对象中包含数据库的密码。Helm在安装过程中会通过--set参数来动态产生里面的数值，接着将整个应用程序安装到Kubernetes中。

如果需要部署到多个环境，就通过一套Helm Chart配上覆盖不同环境所需要的账号和密码来完成多环境的部署。

2. 原生YAML

在原生YAML设置的管理下，由于只能通过kubectl apply等方式直接部署当前的文件，因此没有类似Template的方式来帮助动态产生Kubernetes Secret对象。

可行的解决办法是通过程序化的方式动态产生Kubernetes Secret对象，并将其部署到Kubernetes内。

如果有多集群的需求，概念也是类似的，根据不同环境动态产生不同的Secret对象。

3. Kustomize

Kustomize是基于overlay概念一层一层叠加的，最后产生出可使用的YAML文件。使用上的概念与原生YAML类似，都必须动态地产生Kubernetes Secret对象。不过，Kustomize针对这个主题提供了secretGenerator的特殊语法，可以更轻松且方便地产生Secret对象。

```
cat <<'EOF' > ./kustomization.yaml
secretGenerator:
- name: mysecrets
 files:
  - longsecret.txt
  literals:
  - FRUIT=apple
  - VEGETABLE=carrot
EOF
```

Kustomize提供了不同的方式来输入想要放入Secret对象中的数据，不论是从文件读取，还是直接写到对象中都可以。上述范例最后会产生一个如下的Secret对象：

```
apiVersion: v1
kind: Secret
metadata:
  name: mysecrets-hfb5df789h
type: Opaque
data:
  FRUIT: YXBwbGU=
  VEGETABLE: Y2Fycm90
  longsecret.txt: TG9yZW0gaXBzdW0gZG9sb3Igc2l0I... （忽略）
```

如同使用原生YAML，想要支持多种部署环境，根据参数动态产生不同的Secret对象即可。

> **● 作者提示 ●**
>
> 将所有的机密信息直接放到 Git 项目中，这样的操作简单省事，但是带来的信息安全风险也是最大的。现实中没有一个团队会这么做，都会将机密信息抽离，尽可能地让账号和密码出现的时间推迟，最好是应用程序安装到 Kubernetes 内时才出现，以减少泄露的机会。

≫ 8.1　部署机密信息的架构探讨（上）

有了基本的应用程序概念后，接着来尝试将所有的碎片信息组合在一起，通过 Pipeline 系统搭配不同的打包方式来将机密信息部署到 Kubernetes 集群中。

实践中根据不同项目的使用与实现方式，整体的架构也会有很大的差异。接下来根据各种不同架构来探讨彼此的优缺点以及使用方式。

第一个要探讨的是架构，直接与 Pipeline 系统集成，通过 Pipeline 系统来存放各种各样的机密信息，并在部署过程中动态地读取需要的机密信息，使用不同的工具来产生 Kubernetes Secret 对象。

不论是 Jenkins、GitHub Action、Gitlab、CircleCI 还是其他大大小小的 Pipeline 系统，基本上都提供了 Secret 的管理功能。系统管理人员能够将机密信息存放到该 Pipeline 系统中，接着在 Pipeline 运行过程中通过特殊的语法来取得这些机密信息。下面以 GitHub Action 为例来进行说明。

用户必须先到相关的 Git 项目设置中找到 Secret 这个设置，接着在里面通过 key:value 的形式把想要使用的机密信息填入，例如设置 db_ password: sahdjkhjk12 这种格式。设置完成后，可以在 GitHub Action 的工作流程中通过 {{ secrets.db_password }} 的方式取得所设置的密码。

由于这类数据是由 Pipeline 系统管理的，因此 Pipeline 系统有能力知道哪些变量是 Secrets 管控的，因而在整个输出日志的管理上就会将这类信息以 ****（星号）的方式呈现，避免任何阅读日志的用户都可以获取这些机密信息。

```
steps:
  - name: Hello world action
    env: # Or as an environment variable
      db_password: ${{ secrets.db_password }}
```

其他的 Pipeline 系统都有类似的功能，选择 Pipeline 系统时记得阅读附带的帮助文件，以确保它提供了这类功能。

《《 硅谷经验分享 》》

Pipeline 中机密信息的管理除了供 Kubernetes 应用程序使用外，还有其他用途，例如第三方服务的账号和密码、特定机器的 SSH Key 等。举例来说，Pipeline 系统在运行过程中需要连接 Jira 服务，将执行的结果更新到相关的 Ticket，这时候就需要有能力与 Jira 系统沟通，或者说当应用程序的容器镜像构建完毕后，需要将其推送到远端的容器注册表，这时候也必须有相关的账号和密码来管理授权登录。

接着探讨基于此架构不同的应用程序打包方式怎么集成。

1. Helm

步骤 01 当 CI/CD Pipeline 执行到 CD 阶段，准备通过 helm upgrade/install 的步骤将应用程序安装到 Kubernetes 时，从 Pipeline 系统中取出数据的密码，假设此变量叫作 password。

步骤 02 执行 helm upgrade --set db_password=$password 类似的指令，通过 helm Template 的设计让事先设计好的 Secret 对象顺利地被生成出来，接着安装到 Kubernetes 集群中。

2. 原生 YAML

步骤 01 当 CI/CD Pipeline 执行到 CD 阶段，准备通过 helm upgrade/install 的步骤将应用程序安装到 Kubernetes 时，从 Pipeline 系统中取出数据的密码，假设此变量叫作 password。

步骤 02 接着可以通过 kubectl create secret … -o yaml 指令生成对应的 YAML 文件，接着通过 kubectl apply -f 指令将该 Secret 文件与原本的应用程序合并在一起安装到集群内。

3. Kustomize

步骤 01 事先在 kustomize 中准备好 secretGenerator 这个对象，可以使用文件的方式来设置其输入值，例如要求该文件名为 db_password。

步骤 02 当 CI/CD Pipeline 执行到 CD 阶段，准备通过 helm upgrade/install 的步骤将应用程序安装到 Kubernetes 时，从 Pipeline 系统中取出数据的密码，假设此变量叫作 password。

步骤 03　将 password 这个变量写入一个文件，命名为 db_password。

步骤 04　接着通过 kubectl -k 或 kustomize 这两条指令来把相关的 YAML 文件安装到 Kubernetes 内。

上述的流程都清晰明了，看起来没有问题。不过在实践中却有很多小细节要处理：

- 当应用程序需要使用的Secret数据越来越多，仅数据库可能就有table、username、password，其他服务可能还有username、token等各种信息。这些会造成Pipeline中的设置越来越复杂，以Helm为例，就会发现如果每个数值都要通过--set指令参数的方式来设置，就会造成指令变得很长，同时在未来每次变量有任何需求改变时，就要重新修改一次该文件。
- 如果要通过Pipeline部署到多个集群，就需要对每个集群的机密数据进行分类，假设一个集群需要10个机密数据、4个集群，就意味要准备 40个变量，那么整体的管理与维护就越来越困难。
- 通过脚本等方式来处理这些安装指令时，如果数据本身也有单引号或双引号，会使得该自动化脚本变得很难处理，最困难的情况莫过于机密信息本身是一个基于JSON格式的对象，而后就会发现单双引号"满天飞"，处理起来会很让人"崩溃"。
- 如果部署方式是基于GitOps的模式，而Pipeline系统内没有CD步骤可执行，这种方式也是不可行的。
- 团队因为需要而替换不同的Pipeline系统时会遇到巨大的阻力，整个部署逻辑与Pipeline绑定太深，导致不好抽离。

整个流程如图8-1所示。

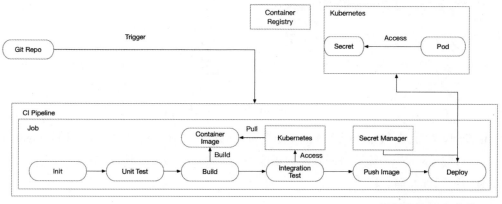

图 8-1　Secret 对象部署架构一

≫ 8.2 部署机密信息的架构探讨（下）

上一节探讨了持续集成/持续部署自动化部署中机密信息的保存与使用，并介绍了一种简单明了的架构来处理问题，最后根据该架构分析了潜在的隐患。本节将继续前面的假设来探讨不同架构以及彼此的优缺点。

8.2.1 集中化管理架构（上）

在大部分解决方案架构中，系统内都有一个专门的管理器，其专职管理团队应用程序用到的所有机密信息，与前面章节谈论到的Pipeline系统中的机密信息相似。一种常见的分类方法是根据管理器的位置分类，例如由Pipeline自主管理，部署在Kubernetes内，或者独立于Pipeline及Kubernetes的外部服务。

另一种分类方法则是CI/CD过程在什么时间点调用这个管理器来提供机密信息。本节要探讨的架构就是将该管理器的角色放到Kubernetes内，而不是交由Pipeline去管理，如图8-2所示。

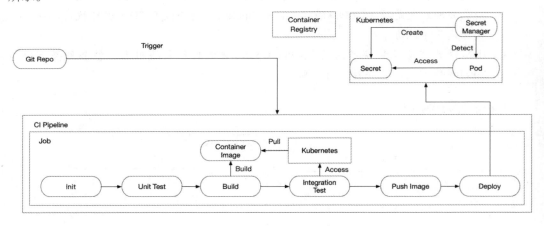

图 8-2　Secret 对象部署架构二

将Secret管理器从Pipeline系统抽离出来带来的最大好处是将整个部署流程与Pipeline系统脱钩。团队未来如果需要将部署流程集成到其他平台，整个迁移的成本就会大幅下降，甚至有可能实现无痛迁移。

另外要注意的是，这类机密管理系统基本上都不会让管理员有办法二次确认每个机密信息的数值，例如将密码存入系统后，管理员就无法通过明码的方式从系统内知道当初的设置。这种情况会使得未来需要迁移Pipeline系统时，很有可能根本不知道当初系统上设置的数值，导致整个迁移遇到各种障碍，甚至很多服务的账号和密码都需要重新设置等。

该架构的一大重点是，产生Kubernetes Secret对象的时间被延后了。之前是在Pipeline系统中执行部署过程时产生并使用，现在则是推迟到Kubernetes内部，当应用程序真正部署到Kubernetes内部后，需要使用的相关Secret对象才会动态地产生。

概念与具体实现往往是两回事，同样一个想法可以有不同的实现方法。以上述概念来说，一个可以想象得到的实现流程如下：

步骤 01　安装的应用程序要事先设置，给予它与 Secret 管理器沟通的能力。

步骤 02　在应用程序部署过程中，通过事先设置好的权限与该 Secret 管理器沟通，描述自己想要取得的机密信息，例如账号和密码等。

步骤 03　系统管理器根据请求做出反应，可以主动帮助产生 Kubernetes Secret、ConfigMap 等文件，或者直接把相关信息返回给应用程序。

另一种思路是Secret管理器主动去侦测需要的用户，并且主动产生Kubernetes Secret对象，例如：

步骤 01　安装的应用程序要事先设置相关权限，指定能够存取哪种信息。

步骤 02　在应用程序（Pod）部署的过程中，可以在 Annotation 等字段描述要使用的机密信息。

步骤 03　Secret 管理器主动侦测到 Pod 创建的事件，根据 Annotation 的字段与权限去处理，接着帮助产生 Kubernetes Secret。

上面提到的回答都不是标准答案，也不是唯一答案，不同的项目实现方式都有所不同，因此选择与评估项目时，一定要看清楚其架构并理解到底该如何使用该项目。

● 作者提示 ●

评估项目时有非常多的方面需要考虑，例如该服务是否有高可用性的架构，避免造成一台机器损毁而集群上的应用程序都不能正常运行。

接着探讨基于本架构3种不同的应用程序打包方式的操作流程。

1. Helm

步骤 01 设计 Helm Chart 架构要事先设计好相关的配置文件，例如要如何与 Secret 管理器沟通，想要得到什么机密信息。

步骤 02 CI/CD Pipeline 运行到部署阶段时，并没有任何特别的事情需要处理，因为 Secret 对象的产生时间已经延迟到 Kubernetes 内部。因此，本步骤可以直接使用 helm upgrade 等方式部署。

步骤 03 当应用程序部署到 Kubernetes 集群内后，根据不同的实现方式与架构，应用程序最后要有办法通过 Secret 管理器来取得相关的账号和密码并使用它。

2. Kustomize/YAML

步骤 01 在这种架构下，Kustomize 与原生 YAML 不但一致，甚至与 Helm 的操作流程也大同小异。

步骤 02 不需要在 Pipeline 系统中动态获取任何机密信息，因此没有任何定制化的需求。唯一要注意的只有与 Secret 管理器沟通时用到的参数。

步骤 03 当应用程序部署到 Kubernetes 后，剩下的运行逻辑与 Helm 相同，只要确保部署进去的资源能够与 Secret 管理器沟通即可。

相对于前面章节探讨的让Pipeline管理机密信息，这个架构带来的改变如下：

- 部署流程与Pipeline系统抽离，有机会使用GitOps的流程来部署。
- 机密信息的保存与管理独立于Pipeline系统，团队未来要替换Pipeline时的迁移成本降低很多。
- 通常这类Secret管理器的功能相对于Pipeline系统提供的功能更为强大，操作与使用方面都更为便利，更具弹性。
- 使用与设计上有更多的细节要注意，需要花费更多心思去处理。
- Secret管理器需要团队自己维护，特别是针对高可用性的部分更要仔细处理。

8.2.2 集中化管理架构（下）

事实上，这类架构的变化太多，无法逐一探讨每一个架构。读者不需要背诵每种架构的优缺点，而是要活跃自己的思路，可以根据不同架构的设计去思考它们可能带来的好处与坏处，拥有这件"武器"之后，遇到任何变化的架构都有能力"见招拆招"。

举例来说，采用的是独立的Secret管理器，但是Secret对象产生的发生点依然保留在Pipeline系统中，如图8-3所示。下面来尝试分析这种架构的特性。

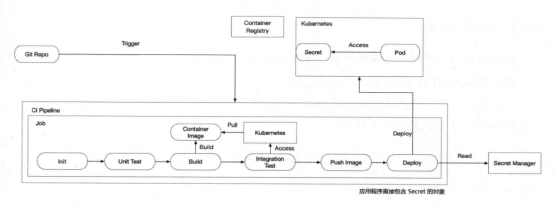

图 8-3　Secret 对象部署架构三

- Secret管理器脱离了Pipeline系统，团队未来要切换Pipeline时的迁移成本下降。
- 由于Secret对象还是在Pipeline过程中产生的，因此要搭配GitOps部署还是会很困难。
- 为了与远端的Secret管理器沟通，势必需要准备账号和密码或者存取令牌（Access Token）等信息。这些信息可以通过Pipeline服务提供的Secret服务来管理，而应用程序用到的机密信息则脱钩交给Secret管理器处理。
- 如果Secret管理器是通过SaaS服务来存取的，可以将高可用性等问题转交给对方团队去维护。
- 由于目前所有的机密信息都是从外部服务取得的，与Pipeline本身无关，Pipeline无法识别输出的日志中哪些是机密信息，哪些不是，因此要特别检查自己的运行过程是否会不小心输出这些机密信息。

3种不同的安装方式在这个架构下的实现方法与前面章节介绍的第一个架构大同小异，这里就不再重复介绍了。

由于都是在Pipeline动态取得信息并且转换为Kubernetes Secret对象，因此相关的隐患也都存在。

• 作者提示 •

如果这时改为使用外部的 Secret 管理器，但是发生的时间点延迟到 Kubernetes 内部，带来的特性与优缺点可能有所不同。一直以来都没有一个标准答案，因为不同的环境会有不同的项目来搭配，掌握分析的能力才是面对 CNCF 庞大项目的最佳利器。

8.2.3 加解密架构

最后来探讨一个完全不同的思路，如果Kubernetes Secret对象是基于base64编码而非加密，那么将Secret存放在Git项目中就会引起很多隐患。是否可以直接改进Kubernetes Secret对象的设置，提供一个基于加密的版本取而代之？通过加密对象给予团队更大的信心将内容放到Git项目中，流程如图8-4所示。

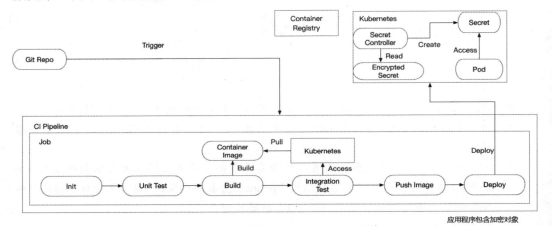

图 8-4　Secret 对象部署架构四

如前文所述，概念与实现是两回事，因此以下只是其中一种实现方法。

步骤01 Kubernetes 中要事先安装一个控制器，可以为控制器提供未来加解密要使用的密钥（Key），或者由控制器动态创建一把密钥。

步骤02 Kubernetes 中通过 CRD 的方式新增一个全新的对象，例如叫作 Encrypted Secret，代表被加密后的 Secret 数据。

步骤03 运维人员使用前面提到的密钥将机密数据加密，使用加密后的结果产生基于 Encrypted Secret 的对象，并使用 YAML 的方式将其保存在集群内。

通过CI/CD Pipeline流程将Encrypted Secret对象直接部署到Kubernetes集群内。前面的控制器侦测到产生了Encrypted Secret对象，对其进行处理。

步骤01 控制器对该文件进行解密，并将解密后的内容转换成 Kubernetes Secret 对象。

步骤02 应用程序(Pod)则可以使用前面步骤产生的 Secret 对象得到需要的机密信息。

这种架构也是将取得Secret对象的时间点延后到Kubernetes内部，不过是通过加密的方式直接将信息存放在Git项目中，直到相关对象进入Kubernetes后将其解密，得到真正的信息。

接着再次探讨不同的部署方案会有什么样的操作流程。

1. Helm

- 一开始Helm Chart中需要先通过密钥进行加密，并根据加密后的结果准备一个Encrypted Secret的对象。
- CI/CD Pipeline运行到后面的阶段后，由于Secret对象的产生时间延后到Kubernetes内部，因此这个过程不需要特别处理，可以直接通过helm upgrade --install的方式将应用程序部署到Kubernetes内。
- 当应用程序与Encrypted Secret对象一起被部署到Kubernetes后，相关的Secret控制器会侦测到Encrypted Secret的出现，并使用预先约定的密钥进行解密。
- 解密完毕后会产生对应的Kubernetes Secret对象。
- 应用程序读取Secret对象来取得需要的信息。

2. Kustomize/YAML

- Kustomize与YAML这两者的做法大同小异，与Helm没有太多变化。因为不需要在Pipeline系统中动态取得任何机密信息，在没有定制化的需求下，将Encrypted Secret部署到Kubernetes内即可。
- 接下来的运行与Helm一样，通过控制器进行解密并产生最后的Secret对象。

这种架构的特性如下：

- 本身不需要CI/CD Pipeline的参与，所以GitOps的概念可以套用。
- 控制器与之前的Secret管理器一样，需要自行维护其高可用性，确保服务正常运行。
- 大部分的控制器都是针对Kubernetes设计的，这意味着其应用场景很容易被限制为只有Kubernetes可以用。因此，团队中如果有其他的需求想要进行机密信息的保存与存取，这类架构就很难派上用场。
- 机密信息都直接存放在Git上，每次要修改都需要有相应权限的人去产生加密后的结果，这有可能会让工作效率比较低，但是安全性更高，凡事都是有代价的。

本节探讨了不同的设计架构，每种架构的适用场景都不同，例如针对整个对象进行加密的方式可以把内容直接存放在Git项目中，但是这种方式通常只适用于Kubernetes环境，对于非Kubernetes的应用可能不适用。如果想要从Secret管理器动态取得任何机密信息，也会根据发生的时间点与服务的搭建地点而有不同的方式与注意事项。

如同本书一直强调的概念，持续集成/持续部署并没有一个通用的标准解决方案，每个团队根据需求与规范打造出来的工作流程都不尽相同，对于所有开发人员与运维人员来说，与其背诵这些特定用法，不如掌握良好的思路去面对不同项目与架构，使自己有能力评估其优缺点，并为团队的应用场景筛选或打造出自己的解决方案。

≫ 8.3 通过 Sealed Secrets 示范加密部署

前一节的最后探讨了基于加密方式来管理Kubernetes上的Secret对象，本节将使用Sealed Secrets[1]这个开源项目来体验这种加密的工作流程。

基于此架构带来的好处是，团队可以在Git项目中存放所有加密后的信息，而这些信息被部署到Kubernetes后会自动被解密并让应用程序使用。

按照惯例，使用一个项目前先阅读该项目的介绍。Sealed Secrets采用了一种Q&A的方式来进行介绍，内容如下：

Problem: "I can manage all my K8s config in git, except Secrets."

Solution: Encrypt your Secret into a SealedSecret, which is safe to store - even to a public repository. The SealedSecret can be decrypted only by the controller running in the target cluster and nobody else (not even the original author) is able to obtain the original Secret from the SealedSecret.

通过上述Q&A可以非常清楚地知道 Sealed Secret项目想要解决的问题，过往开发人员与运维人员可以通过Git非常顺畅地管理除了Secrets外的所有Kubernetes对象。Sealed Secret通过加密的方式将Secret转换为一个名为SealedSecret的新对象，而该新对象可以安全地存放于Git项目中。当SealedSecret对象部署到Kubernetes时，Sealed的控制器就会负责读取该信息并通过事先准备好的密钥来解密。这个概念符合前面章节所探讨的最后一种加密架构。

---

1 https://github.com/bitnami-labs/sealed-secrets

1. 安装

Sealed Secrets项目由两个组件组成，一个负责解密必须安装在目标集群内的Sealed Controller（密封控制器）；另一个则用来把Secret对象转换为SealedSecret对象的指令，该指令默认名称为kubeseal。使用人员使用事先准备好的加解密密钥等就可以通过kubeseal来加密所有需要使用的机密信息。

接下来的测试需要使用这两个工具，由于是测试环境，因此相关密钥的部分不会自行准备，而是使用控制器的内建密钥。

Sealed Controller说白了就是一个Kubernetes内的应用程序，因此安装的方式非常多，可以通过原生YAML、Helm或Kustomize等方式来安装。

以下范例使用Helm来安装Sealed Controller，将其安装到默认的命名空间，并将该release取名为secretDemo。

```
$ helm repo add stable https://kubernetes-charts.storage.googleapis.com
$ helm repo update
$ helm install --namespace default demo stable/sealed-secrets
```

控制器处理完毕后，下一步就是安装命令行界面的相关工具，其提供的安装方式也非常多，本范例下载事先编译好的执行文件来使用。

```
$ wget https://github.com/bitnami-labs/sealed-
secrets/releases/download/v0.12.5/kubeseal-linux-amd64
$ chmod 755 kubeseal-linux-amd64
$ sudo mv kubeseal-linux-amd64 /usr/local/bin
$ kubeseal -help
Usage of kubeseal:
    --add_dir_header  If true, adds the file directory to the
header
    --allow-empty-data Allow empty data in the secret object
...
$ kubeseal
(tty detected: expecting json/yaml k8s resource in stdin)
error: cannot fetch certificate: services "sealed-secrets-controller" not
found
```

安装完毕后，如果马上执行kubeseal指令，会得到上述找不到服务的错误信息，原因是kubeseal在默认情况下执行时需要与Kubernetes内的Sealed Controller沟通来进行加密处理，而其尝试存取的Kubernetes Service名称是sealed-secrets-controller。

```
$ kubeseal --controller-name= demo-sealed-secrets
--controller-namespace
=default
(tty detected: expecting json/yaml k8s resource in stdin)
^C
```

改成上述执行指令就不会有无法连接到控制器的问题了，当前情况下指令会卡住是因为期盼用户输入信息来加密，若想要退出，则可按Ctrl + C组合键。

之后会通过输入Kubernetes Secret对象的方式来加密，不会使用STDIN来输入任何信息。

> ● 作者提示 ●
>
> 如果自行提供凭证，kubeseal 是可以脱机使用的，不需要与 Kubernetes 内的控制器沟通，使用此项目时记得参阅官方文件了解一下整体的使用方式，以确保如果要将此工具集成到 CI/CD 的流程中，环境没有 kubeconfig 的话该怎么处理。

2. 使用

准备好相关组件之后，接下来的测试流程如下：

步骤 01 需要先准备一个要加密的 Kubernetes Secret 对象，这里采用前面 Harbor 注册表登录时使用的 login.json。

步骤 02 通过 kubeseal 的方式将上述 Kubernetes Secret 对象转换为全新的 SealedSecret 对象，看看该对象的内容是否为加密的，而非原生的 base64 编码。

步骤 03 将 SealedSecret 对象部署到 Kubernetes 内，观察 Sealed Controller 是否帮助产生了全新的 Secret 对象。

步骤 04 检查动态产生的 Kubernetes Secret 对象，确保其内容与原文件一样。

首先通过kubectl的方式直接从~/.docker/config.json的内容产生一个Kubernetes Secret对象。

```
$ kubectl create secret generic demo-example --from-
file=.dockerconfigjson=/home/ubuntu/.docker/config.json --
type=kubernetes.io/dockerconfigjson --dry-run=client -o yaml > secret.yaml
```

在加解密架构下，不需要真的把Kubernetes Secret对象部署到集群中，唯一需要的只有Kubernetes Secret的YAML内容，因此这里可以通过--dry-run的方式产生相关的YAML文件，而不是部署到Kubernetes内。

一切准备就绪后，接着通过 kubeseal 指令将上述产生的 Secret YAML 转换成 SealedSecret对象，结果以YAML的方式输出到本地文件。

```
$ kubeseal --controller-name= demo-sealed-secrets --controller-
namespace=default -o yaml < secret.yaml > sealedsecret.yaml
```

产生的文件实际上就是要放到Git项目中保存的文件，因为该文件的内容已经不是单纯的base64编码，而是实实在在加密后的信息。

尝试观察上述指令产生的sealedsecrey.yaml文件，可以看到其类型为SealedSecret，并且其encryptedData中有一个名为.dockerconfigjson的数据。

```
$ cat sealedsecret.yaml
apiVersion: bitnami.com/v1alpha1
kind: SealedSecret
metadata:
  creationTimestamp: null
  name: demo-example
  namespace: default
  spec:
    encryptedData:
      .dockerconfigjson:
AgBOq/FUB4OSIjOfua8vikrosi9R6uFROuAeT0rV3myf4memo+Y3LwP9mDGsswcUhFk5N29B
S1V76ycLX31a8IbzON4OAWJAnclSn9qWoj+ZDZmD1p+1OSPCdjV5FjDhVnGNwi49DAvr+L+W
LREGdD2fgizVWq+Ebk7acFjmI2uGq7J2yoocH+/qpX/13e2kj36J7+Rwd+RBhnkKTImlQJsX
jKsBYENxjsRnc+UzNjkXjBcXEYihHq9MIXdtElPG1Kur27pIC+urj9FkWnQ4lO2tUoI3NDIu
QFCvKaeAwEP0cu+3wlY0F2Ax2/CT0SQ9WB0VM8iyrNaccFDuItGnqRksya0WtXLV4fYafbxR
4+itzCpt8sH0VOUouoDml9FqAgLfWrqld74VnEpSJybdf/Wfea3PYLFTDScHClWDW7qBTvZm
kCIWDS44/HNcQdflpnrmLJk2sxO20T6aJPYDK9M7V5iD0b7Ch8OHNmL/8e/kDhaCTVqUcUXw
2qtx7LBJhaxalSoYfhzvwFIDG9AbRe95d2oQJpXl6mHviNqJkOqNiU5M6Byt3YXR+YaFV+A9
n0aj6Rl0Bw8y4s9+0LoXrTdv2t3opSe26xOJhmgfOxuxELKY+kaATNpLYez3+S3QaTgDZ0n7
tgTzFg041brOL3SkUa+UZ9MqUG9XKMPGXQY0lFf5DhB1FIjWiCOWfOS+JAJsG38izjd8iYZ8
wIWIoe983exo2AaCcLS+4cB18ftwoDmlYn8Y+WqmEtzhZA8OMsk4KTSsWPakWFc8rbxRt6aH
TER0enXof86B2V/TwxDuPzN4OWmcO7mSMUgdXxbAnRLKVfmuVwYEYTW91wZN5+IQWZVTHwZn
XS+ahHzV7TS+zFF74F06yz7Tx6YRQUmnWUH8HJiuxPTNeZbKkvcD7Q==
    template:
```

```
    metadata:
      creationTimestamp: null
      name: ithome-example
      namespace: default
  type: kubernetes.io/dockerconfigjson
```

下一步是将SealedSecret对象部署到Kubernetes内，接着Sealed Controller会侦测该对象的产生并且帮助产生对应的Secret。

```
$ kubectl apply -f sealedsecret.yaml
sealedsecret.bitnami.com/demo-example created
  $ kubectl get SealedSecret
NAME            AGE
demo-example    12s
  $ kubectl get secret demo-example
NAME                  TYPE                              DATA  AGE
demo-example          kubernetes.io/dockerconfigjson    1     16s
```

如预期一样，Kubernetes Secret对象快速地被创建出来了，最后该Secret对象的内容必须与先前通过--dry-run方式产生的Secret对象一致。

```
$ kubectl get secret demo-example -o yaml
apiVersion: v1
data:
.dockerconfigjson:
ewoJImF1dGhzIjogewoJCSJyZWdpc3RyeS5od2NoaXUuY29tIjogewoJCQkiYXV0aCI6ICJZ
V1J0YVc0NlNHRnlZbTl5TVRJek5EVT0iCgkJfQoJSwKCSJIdHRwwSGVhZGVyeyI6IHsKCQki
VXNlci1BZ2VudCI6ICJEb2NrZXItQ2xpZW50LzE5LjAzLjEyIChsaW51eCkiCgl9Cn0= kind:
Secret
    metadata:
    ...
    type: kubernetes.io/dockerconfigjson
    $ cat secret.yaml
    apiVersion: v1
data:
.dockerconfigjson:
ewoJImF1dGhzIjogewoJCSJyZWdpc3RyeS5od2NoaXUuY29tIjogewoJCQkiYXV0aCI6ICJZ
V1J0YVc0NlNHRnlZbTl5TVRJek5EVT0iCgkJfQoJSwKCSJIdHRwwSGVhZGVyeyI6IHsKCQki
VXNlci1BZ2VudCI6ICJEb2NrZXItQ2xpZW50LzE5LjAzLjEyIChsaW51eCkiCgl9Cn0= kind:
Secret
    ...
```

```
type: kubernetes.io/dockerconfigjson
```

比较文件内容后，确保动态产生的Kubernetes Secret与前面通过kubectl产生的Secret对象的base64编码的结果完全一样。

因为编码结果完全一致，因此通过Base64译码后的结果必须与~/.docker.config.json的内容一致。以下范例使用view-secret这个kubectl plugin来帮助处理译码，同时也要确认内容完全一样，即证明Sealed Controller有办法将SealedSecret对象还原为最初的Secret对象。

```
$ kubectl view-secret demo-example
Choosing key: .dockerconfigjson
{
    "auths": {
        "registry.hwchiu.com": {
            "auth": "YWRtaW46SGFyYm9yMTIzNDU="
        }
    },
    "HttpHeaders": {
        "User-Agent": "Docker-Client/19.03.12 (linux)"
    }
}

$ cat ~/.docker/config.json
{
    "auths": {
        "registry.hwchiu.com": {
            "auth": "YWRtaW46SGFyYm9yMTIzNDU="
        }
    },
    "HttpHeaders": {
        "User-Agent": "Docker-Client/19.03.12 (linux)"
    }
}
```

Sealed Secret的示范到此为止，上述过程中最重要的是SealedSecret对象，团队可以将该对象放到任何Git项目上去管理，只有当该文件被部署到Kubernetes集群内并通过正确的Sealed Controller译码后，才能得到最初编码后的结果。

采用这种架构，部署环境想要使用GitOps也不成问题，可以将Kubernetes Secret的产生时间点延迟到Kubernetes内部，并且完全独立于Pipeline系统。

　　除了Sealed Secret项目外，也有其他项目提供了相关的加密功能，例如基于Git项目的git-encrypt[1]、针对Helm使用的helm-secrets[2]以及更为通用的SOPS[3]。每种工具都有自己适用的场景，如果有时间的话，读者可以为每种工具都搭建一个简单的环境来测试一下，以增加自己的经验，让自己在未来更有把握应对各种不同的问题。

<<< 硅谷经验分享 >>>

开源项目很多，但是评估时要注意每个项目的活跃程度与维护程度，例如官方已经正式声明不再维护 helm-secret 项目，只剩下"热血人士"去维护，这就意味着未来的修复与功能开发不如以往。

因此，在选择项目时除了评估架构与应用场景外，该项目的活跃度也必须考虑，如果团队使用一个即将停止后续维护的项目，长久来看是非常不利的，任何功能与错误排查都将停摆，变成团队需要花费时间来进行迁移。迁移的成本也是一开始评估项目时需要考虑的要点之一。综观所有条件，就可以理解评估一个项目是否适合团队使用不是一件简单的事，除了从团队的需求去探讨可用性外，还要期望该项目能够一直受到维护，而不会半路夭折。

1 https://github.com/AGWA/git-crypt

2 https://github.com/jkroepke/helm-secrets

3 https://github.com/mozilla/sops

第 9 章
提升 Kubernetes 的日常工作效率

探讨了Secret在Kubernetes自动化部署中的各种主题后，最后来探讨对于运维人员与工作人员来说，如何有效地去管理与操作Kubernetes。

所有初次踏入Kubernetes世界的"玩家"最初碰到的工具大部分都是原生的命令行界面工具——Kubectl。从官方文件到各种各样的项目操作都可以看到Kubectl工具的踪迹，随着架构的不断丰富，同时管理多个Kubernetes集群是极为常见的现象。

事实上，通过Kubectl这个工具基本上可以完成所有Kubernetes内的操作与管理，但是如果可以用更快、更有效的方式去达成目标，减少所需的时间和错误的发生，会对整体的工作流程大有裨益。

不过需要注意的是，不是所有工具都适合每个人的工作环境。毕竟每个人的工作环境都不大相同，例如操作系统，是否有窗口支持，甚至是管理的Kubernetes集群架构数量也有所不同。因此，本章的主要内容是有关工具的，让我们去了解目前有哪些工具可以用来提升日常运维Kubernetes的效率，对于感兴趣的项目（工具）可以自行尝试和体验，并从中找到使用起来顺手且有用的项目。

≫ 9.1　Kubectl 生态系统

首先要介绍的与其说是工具不如说是一个生态系统，主旨就是如何让kubectl指令更加好用。

Kubectl工具是基于模块化设计的，任何开发人员与用户都可以非常容易地去扩充其功能，扩充的方式就是让操作人员可以使用kubectl hwchiu这样的方式来操作 Kubernetes。

Kubectl[1]的生态非常简单，基本上就是一堆执行文件组合在一起。只要将自行开发的应用程序重新命名，前缀补上kubectl-并且放到$PATH环境变量指向的目录即可。例如，只要在$PATH路径下放置一个名为kubectl-hwchiu的应用程序，就可以通过kubectl hwchiu的方式去执行hwchiu这个应用程序。

接下来用一个范例来介绍如何扩充系统上的kubectl来实现上述应用场景。

kubectl的模块要求的是一个可执行文件，最快的方式就是准备一个Shell Script的执行文件，内容如下：

1　https://kubernetes.io/docs/tasks/extend-kubectl/kubectl-plugins/

```
$ cat kubectl-hwchiu
#!/bin/bash

# optional argument handling
if [[ "$1" == "version" ]]
then
    echo "1.0.0"
    exit 0
fi

# optional argument handling
if [[ "$1" == "post" ]]
then
    echo "day 26"
    exit 0
fi

echo "I am a plugin named kubectl-hwchiu"
```

上述文件kubectl-hwchiu的执行非常简单：

- 执行kubectl-hwchiu version将输出1.0.0。
- 执行kubectl-hwchiu post将输出day 26。
- 最后都会输出一行显示自己是kubectl的plugin。

接下来将该文件的权限设置为任何人都可以执行，并且将其放到/usr/local/bin的路径下。

```
$ chmod 755 kubectl-hwchiu
$ sudo mv kubectl-hwchiu /usr/local/bin/
$ kubectl hwchiu version
1.0.0
$ kubectl hwchiu post
day 26
```

通过非常简单的步骤就成功地扩充了系统内的kubectl，由于其扩充方式非常容易，这意味着安装他人开发的执行文件也非常简单。但是，对于所有用户来说，如果每次使用都要自行去寻找各种各样的执行文件并下载与安装到相关位置，这部分会花费很多时间且无聊，如果有类似apt-get这种程序包管理系统，就能够列出目前有哪些被收集的扩充模块，同时也可以很方便地进行下载、安装与删除，这样就可以解决上述问题。

我们不是第一个想到这个问题的，早就有相关的解决方案来帮助用户管理这些kubectl的扩充模块，提供了类似apt-get的操作方式。

下面介绍这个名为Krew[1]的工具，看看如何通过Krew来安装各种各样的工具，并试试看如何通过这些工具来提升管理Kubernetes的效率。

● 作者提示 ●

kubectl 已经有许多子指令可以使用，因此这些安装的执行文件不会覆盖原生的指令，例如不能创建一个新的 kubectl- get 来取代原生的 kubectl get。

这部分主要是针对开发人员，如果是用户的话，可以忽略这些限制，专注于寻找一个好用的工具即可。

接下来介绍Krew的安装与使用。

按照惯例，使用一个项目之前先阅读该工具的说明，Krew官方的说明如下：

Krew is a tool that makes it easy to use kubectl plugins. Krew helps you discover plugins, install and manage them on your machine. It is similar to tools like apt, dnf or brew. Today, over 130 kubectl plugins are available on Krew.

For kubectl users: Krew helps you find, install and manage kubectl plugins in a consistent way.

For plugin developers: Krew helps you package and distribute your plugins on multiple platforms and makes them discoverable.

官方的说明非常简单，Krew是类似apt、dnf、brew等知名程序包管理中心的一种架构，用户通过Krew可以非常轻松地管理高达130个不同的kubectl扩充功能。

1. 安装

为了通过Krew来管理kubectl模块功能，必须先在环境中安装Krew这个工具，安装完毕后就可以通过kubectl krew的方式来管理与安装各种各样的扩充功能。

● 作者提示 ●

所有的操作都是基于 kubectl krew 的方式来管理的，因此 Krew 其实也是一个 kubectl 的扩充功能，因而可以使用 kubectl krew 的方式来操作与管理。

---

1 https://github.com/kubernetes-sigs/krew

Krew官方网站[1]针对不同操作系统有不同的安装方式，下面以Linux为例进行介绍。

```
$ (
    set -x; cd "$(mktemp -d)" &&
    curl -fsSLO "https://github.com/kubernetes- sigs/krew/releases/
latest/download/krew.tar.gz" &&
    tar zxvf krew.tar.gz &&
    KREW=./krew-"$(uname | tr '[:upper:]' '[:lower:]')_amd64" &&
    "$KREW" install krew
)
$ export PATH="${KREW_ROOT:-$HOME/.krew}/bin:$PATH"
$ kubectl krew
krew is the kubectl plugin manager.
You can invoke krew through kubectl: "kubectl krew [command]..."

...
```

前面的安装过程其实就是寻找符合amd64架构的版本，把该工具安装到HOME目录下的.krew文件夹，并且修改PATH的环境变量，让~/.krew内的执行文件可以顺利地被执行。

2. 使用

通过kubectl krew search指令可以列出目前Krew收集与管理的所有扩充功能，如图9-1所示。

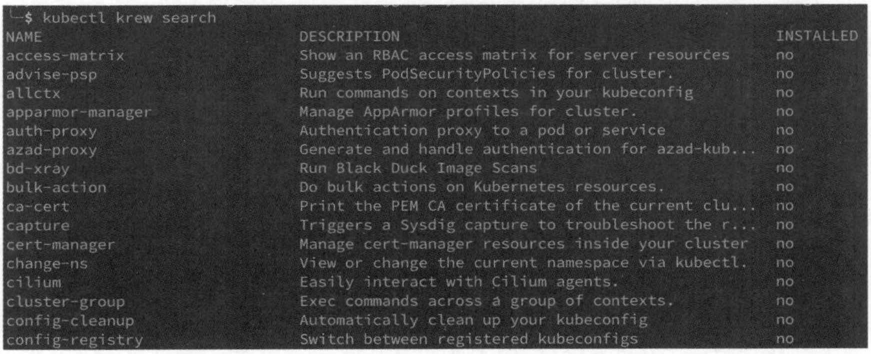

```
└─$ kubectl krew search
NAME               DESCRIPTION                                          INSTALLED
access-matrix      Show an RBAC access matrix for server resources      no
advise-psp         Suggests PodSecurityPolicies for cluster.            no
allctx             Run commands on contexts in your kubeconfig          no
apparmor-manager   Manage AppArmor profiles for cluster.                no
auth-proxy         Authentication proxy to a pod or service             no
azad-proxy         Generate and handle authentication for azad-kub...   no
bd-xray            Run Black Duck Image Scans                           no
bulk-action        Do bulk actions on Kubernetes resources.             no
ca-cert            Print the PEM CA certificate of the current clu...   no
capture            Triggers a Sysdig capture to troubleshoot the r...   no
cert-manager       Manage cert-manager resources inside your cluster    no
change-ns          View or change the current namespace via kubectl.    no
cilium             Easily interact with Cilium agents.                  no
cluster-group      Exec commands across a group of contexts.            no
config-cleanup     Automatically clean up your kubeconfig               no
config-registry    Switch between registered kubeconfigs                no
```

图 9-1　krew search 的执行结果

图9-1列出了一部分程序包，如果觉得列出的程序包数量太多不好查看，则可以通过传递第二个参数来进行筛选，例如图9-2和图9-3分别通过pods与view两个不同参数（关键词）

1 https://krew.sigs.k8s.io/docs/user-guide/setup/install/

来筛选，可以看到通过pods筛选大概会有6个扩充功能可以安装，每个功能除了名称外，还会列出该功能的说明以及当前安装与否的状态。

```
 ⌐$ kubectl krew search pods
NAME                   DESCRIPTION                              INSTALLED
pod-inspect            Get all of a pod's details at a glance   no
pod-logs               Display a list of pods to get logs from  no
pod-shell              Display a list of pods to execute a shell in  no
podevents              Show events for pods                     no
rm-standalone-pods     Remove all pods without owner references no
sick-pods              Find and debug Pods that are "Not Ready" no
```

图 9-2　krew search 通过 pods 关键词筛选

```
 ⌐$ kubectl krew search view
NAME                              DESCRIPTION                                INSTALLED
np-viewer                         Network Policies rules viewer              no
rbac-view                         A tool to visualize your RBAC permissions. no
view-allocations                  List allocations per resources, nodes, pods. no
view-cert                         View certificate information stored in secrets no
view-secret                       Decode Kubernetes secrets                  yes
view-serviceaccount-kubeconfig    Show a kubeconfig setting to access the apiserv... no
view-utilization                  Shows cluster cpu and memory utilization   no
view-webhook                      Visualize your webhook configurations      no
```

图 9-3　krew search 通过 view 关键词筛选

≫ 9.2　Kubectl 的扩充功能

在前一节中介绍了如何通过Krew的方式来管理与安装不同的kubectl扩充功能，本节从中挑选一些功能来示范，看看有哪些有趣的扩充功能。

9.2.1　View Allocation 工具

首先来尝试的功能叫作view allocation，该功能用来帮助运维人员更好地管理目前Kubernetes内的资源状态，通过该工具可以一目了然地得到以下信息：

- 每个节点上有多少个Pod 限制了CPU与Memory（内存）资源的数量，包含Requested与Limit。
- 每个节点上目前 CPU与Memory资源已经被请求使用了多少，换句话说，就是还剩下多少资源可以供未来使用。

安装方式非常简单，通过kubectl krew install指令就可以顺利安装完毕，如下所示：

```
$ kubectl krew install view-allocations
Updated the local copy of plugin index.
```

```
Installing plugin: view-allocations
Installed plugin: view-allocations
\
  | Use this plugin:
  | kubectl view-allocations
  | Documentation:
  | https://github.com/davidB/kubectl-view-allocations
/
WARNING: You installed plugin "view-allocations" from the krew-index
plugin repository.
     These plugins are not audited for security by the Krew maintainers.
     Run them at your own risk.
```

安装完毕后，界面上会有相关提示：

● 如何使用该项目。

● 该扩充功能的在线文件在哪里可以找到。

● 同时提醒该功能的安全性并没有经过Krew的维护者验证过，所以使用时要自己注意一切安全。

由于kubectl krew会帮助将这些工具直接安装成kubectl扩充功能的形式，因此使用时可以直接通过kubectl view-allocations指令来执行。

图9-4展示了view-allocations工具的使用，其列出了4个资源的使用率，分别是CPU、Memory、Pod数量以及暂时存储空间。

图9-4范例中的Kubernetes集群有3个节点，每个节点配有两个单位的CPU，所以集群中总共有6个单位的CPU可以使用。

CPU字段最上方显示的是集群内所有Pod对CPU的Requested（请求）与Limit（限制）的总和，例如Requested总共请求了1.1颗，换算成百分比是18%，而Limit是0.3颗，百分比是5%。

底下则详细列出了每个节点上每个Pod分别请求了多少资源，通过这个方式可以很清楚地看到kind-control-plane这个节点上的Pod针对CPU这个资源有比较多的条件设置。

图 9-4　kubectl view-allocations 使用范例

View-allocation也可以通过-r参数来查看特定资源，例如图9-5展示的使用方式，通过仔细查看CPU或Memory等资源的分配来确认当前的设计是否足够平衡以及是否符合预期。

图 9-5　kubectl view-allocations 列出了特定资源

最后可通过分群的方式让资源信息的显示方式更加简洁，如图9-6所示，以节点为单位去分群，可以更简洁地查看每个节点上的资源分配，当节点数量够多的时候，此功能就很好用。

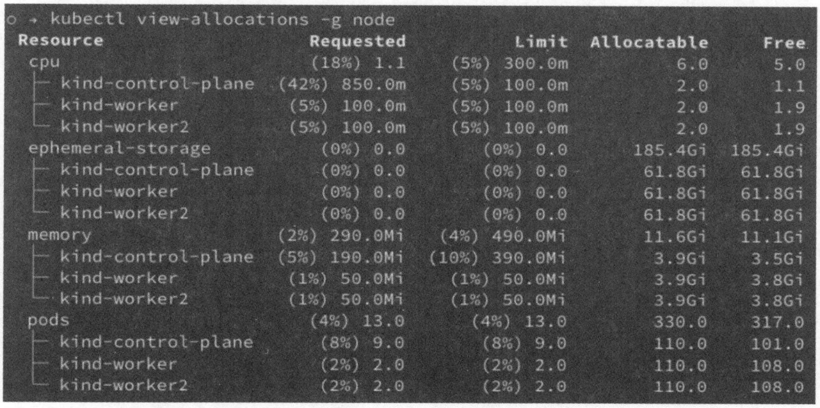

```
o → kubectl view-allocations -g node
Resource                        Requested          Limit   Allocatable        Free
cpu                          (18%) 1.1      (5%) 300.0m           6.0         5.0
 ├─ kind-control-plane      (42%) 850.0m    (5%) 100.0m           2.0         1.1
 ├─ kind-worker              (5%) 100.0m    (5%) 100.0m           2.0         1.9
 ├─ kind-worker2             (5%) 100.0m    (5%) 100.0m           2.0         1.9
ephemeral-storage            (0%) 0.0       (0%) 0.0          185.4Gi     185.4Gi
 ├─ kind-control-plane       (0%) 0.0       (0%) 0.0           61.8Gi      61.8Gi
 ├─ kind-worker              (0%) 0.0       (0%) 0.0           61.8Gi      61.8Gi
 ├─ kind-worker2             (0%) 0.0       (0%) 0.0           61.8Gi      61.8Gi
memory                       (2%) 290.0Mi   (4%) 490.0Mi       11.6Gi      11.1Gi
 ├─ kind-control-plane       (5%) 190.0Mi  (10%) 390.0Mi       3.9Gi       3.5Gi
 ├─ kind-worker              (1%) 50.0Mi    (1%) 50.0Mi        3.9Gi       3.8Gi
 ├─ kind-worker2             (1%) 50.0Mi    (1%) 50.0Mi        3.9Gi       3.8Gi
pods                         (4%) 13.0      (4%) 13.0          330.0       317.0
 ├─ kind-control-plane       (8%) 9.0       (8%) 9.0           110.0       101.0
 ├─ kind-worker              (2%) 2.0       (2%) 2.0           110.0       108.0
 ├─ kind-worker2             (2%) 2.0       (2%) 2.0           110.0       108.0
```

图 9-6   kubectl view-allocations 切换分类

如果团队中有大量对资源进行Requested与Limit设置的需求，可以考虑使用这个工具来查看当前的设置是否符合预期，同时也可以针对当前剩余资源来思考未来的规划是否合理。

9.2.2 ns 工具

ns是一个非常简单的工具，其功能就是帮助管理命名空间。熟悉 kubectl的读者可能会好奇为什么需要这种工具，不是可以通过kubectl等工具直接管理命名空间吗？

通过kubectl原生工具可以使用kubectl get ns指令来查看当前系统中所有的命名空间，同时所有指令都可以通过-n xxxx的方式来指定当前目标的命名空间。

就如同一开始所提到的，kubectl上的扩充功能几乎都可以通过kubectl来完成，但是如果相同功能可以使用更少的指令来完成，整体的工作效率就会提高。

通过ns这个功能除了可以列出当前集群内拥有的命名空间外，还可以帮助设置默认的命名空间，设置完毕后，所有kubectl都不需要通过-n来指定命名空间，需要输入的内容减少，指令输入错误的概率就会降低。

安装过程也非常简单，通过kubectl krew install ns指令就可以轻松完成安装。

```
$ → kubectl krew install ns
Updated the local copy of plugin index.
```

```
Installing plugin: ns
Installed plugin: ns
\
 | Use this plugin:
 |   kubectl ns
 | Documentation:
 |   https://github.com/ahmetb/kubectx
 | Caveats:
 | \
 | | If fzf is installed on your machine, you can interactively choose
 | | between the entries using the arrow keys, or by fuzzy searching
 | | as you type.
 | /
/
WARNING: You installed plugin "ns" from the krew-index plugin repository.
   These plugins are not audited for security by the Krew maintainers.
   Run them at your own risk. $ kubectl change-ns kube-system
```

默认的命名空间都是指向default，通过kubectl ns指令切换后就可以方便地存取不同的命名空间，例如kube-system以及其他团队中的项目，如图9-7所示。

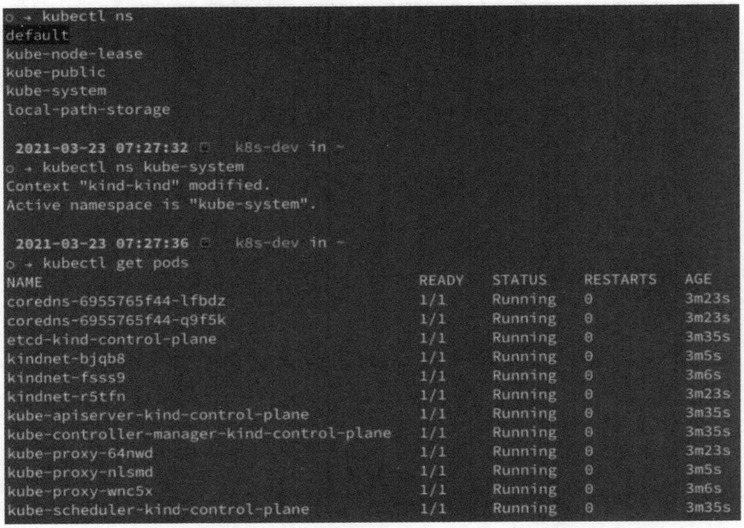

图 9-7　kubectl ns 示范

除了ns之外，推荐使用的另一个工具是ctx，该工具可以帮助管理当前的使用环境（Context，或称为上下文），对于需要管理多套Kubernetes集群的团队来说，在不同的集群间切换使用环境的操作是一件稀松平常的事情，要让切换变得简单与省力，就可以使用ctx这个模块。

≪≪ 硅谷经验分享 ≫≫

使用 ctx 与 ns 切换默认使用环境与命名空间其实是有潜在弊端的，下达指令时如果没有确认当前指令到底指向哪个使用环境以及哪个命名空间，就很有可能会发生非预期的结果。举例来说，想要通过 kubectl delete ns hwchiu 指令来删除一个名为 hwchiu 的命名空间，但是因为使用环境目前已经不是指向 dev 的集群，而是指向一个正式生产环境的集群，指令一旦下达，就意味着正式生产环境被破坏了。同样的情况也有可能发生在命名空间的应用场景。

为了避免这种问题的发生，在实践中强烈建议修改自己的 Shell Prompt，让其显示当前的使用环境和命名空间是什么，在自己每次下达指令前都可以被提醒当前目标是谁，避免指令造成非预期的结果。

除此之外，通过接口的方式去管理 Kubernetes，或是设置不同的 KUBECONFIG 权限让操作人员无法用 kubectl 删除正式生产环境的资源等也可以。

9.2.3　deprecations 工具

如果是仔细看过Kubernetes　YAML内容的用户，一定会注意到所有Kubernetes资源内都会有一个名为apiVersion的字段，每个资源的字段内容都不同，例如apps/v1、v1、storage.k8s.io/v1beta1、 rbac.authorization.k8s. io/v1等。

这些字段的数值其实与Kubernetes版本息息相关，当社区认为某些资源已经足够成熟进入下一个阶段，就可能会去掉 beta字眼，表明正式进入稳定状态。

对于用户来说，最大的影响就是YAML在旧版本的Kubernetes中运行良好，但是到新版本的Kubernetes却完全无法部署，原因是不支持apiVersion。

事实上，不是每个Kubernetes用户都会很认真地去查看每次Kubernetes的更新日志，去确认该版本是否有什么不兼容的修改，因此上述这种apiVersion修改导致部署失败的情况非常常见。

为了解决这个问题，笔者认为一个非常好的做法是对所有Kubernetes的资源文件在持续集成阶段就去检查，确保每次修改都不会因为apiVersion造成问题。deprecations这个kubectl的扩充功能就可以用来完成这件事情，该工具可以读取文件，或者读取Kubernetes集群内的所有资源来检查当前使用的apiVersion是否已经被声明将在接下来的版本移除。

安装过程非常简单，通过Krew就可以轻松安装。

```
$ → kubectl krew install deprecations
Updated the local copy of plugin index.
Installing plugin: deprecations
Installed plugin: deprecations
\
| Use this plugin:
|   kubectl deprecations
| Documentation:
|   https://github.com/rikatz/kubepug
| Caveats:
| \
| | * By default, deprecations finds deprecated object relative to the
current kubernetes
| | master branch. To target a different kubernetes release, use the
--k8s-version
| | argument.
| |
| | * Deprecations needs permission to GET all objects in the Cluster
| /
/
```

使用方式非常简单，在默认情况下会使用KUBECONFIG中的context找到目标
Kubernetes集群，并读取集群中的所有资源去判断其API版本将来是否要被移除。以图9-8为
例，可以看到该次执行找出了两种有潜在问题的API版本，分别是Ingress和ComponentStatus。

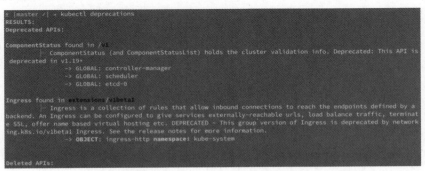

图9-8　kubectl deprecations 默认检查

以Ingress来看，当前使用的API版本是extensions/v1beta1，同时也针对这个错误补上
了相关的文件，例如Ingress应该改用networking.k8s.io/v1beta1这个版本。

为了帮助用户更好地排查错误，同时列出了发生问题是kube-system namespace下的ingress-http对象。

如果想查看特定的Kubernetes版本，也可以参考如图9-9所示的用法。

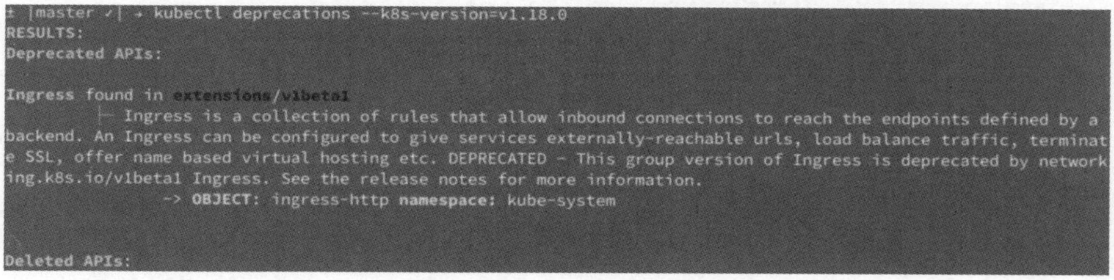

图 9-9　kubectl deprecations 特定 k8s 版本的检查

9.2.4　access-matrix 工具

RBAC是Kubernetes内一种用来进行权限管控的方式，该机制会用到ServiceAccount、Role、Rolebinding等众多资源，整体的概念非常简单，就是什么样的角色支持什么样的apiVersion，可以执行什么样的操作。

这种权限管控机制与安全性息息相关，也正因为是安全性相关的设置，所以实际工作中推荐设置为最小满足，只对有需要的部分给予权限，千万不要因为方便而设置一个"万能"的权限，这样当问题发生时可能会引发更大的灾难。

下面要介绍的工具access-matrix可用于帮助开发人员检查当前运行用户的权限，此工具与kubectl auth 最大的差异就是access-matrix能够一次列出多种资源的比较信息，可以一目了然地去查看所有资源，在默认情况下，access-matrix会检查当前用户，也支持通过–sa参数来切换不同的服务账号（Service Account）。

安装方式一样简单，通过Krew就可以轻松搞定：

```
$ → kubectl krew install access-matrix
Updated the local copy of plugin index.
Installing plugin: access-matrix
Installed plugin: access-matrix
\
| Use this plugin:
|   kubectl access-matrix
| Documentation:
| https://github.com/corneliusweig/rakkess
```

```
  | Caveats:
  | \
  | | Usage:
  | | kubectl access-matrix
  | | kubectl access-matrix for pods
  | /
 /
```

图9-10显示的是使用默认的用户权限，该用户是通过KIND创建Kubernetes集群的用户账号，可以看到该用户拥有的权限非常大，几乎每个资源都可以执行LIST/CREATE/UPDATE/DELETE的操作，由于篇幅不够，只截取了部分资源图。

```
± |master ✓| → kubectl access-matrix
NAME                                            LIST  CREATE  UPDATE  DELETE
apiservices.apiregistration.k8s.io              ✓     ✓       ✓       ✓
bindings                                              ✓
certificatesigningrequests.certificates.k8s.io  ✓     ✓       ✓       ✓
clusterrolebindings.rbac.authorization.k8s.io   ✓     ✓       ✓       ✓
clusterroles.rbac.authorization.k8s.io          ✓     ✓       ✓       ✓
componentstatuses                               ✓
configmaps                                      ✓     ✓       ✓       ✓
controllerrevisions.apps                        ✓     ✓       ✓       ✓
cronjobs.batch                                  ✓     ✓       ✓       ✓
csidrivers.storage.k8s.io                       ✓     ✓       ✓       ✓
csinodes.storage.k8s.io                         ✓     ✓       ✓       ✓
customresourcedefinitions.apiextensions.k8s.io  ✓     ✓       ✓       ✓
daemonsets.apps                                 ✓     ✓       ✓       ✓
deployments.apps                                ✓     ✓       ✓       ✓
endpoints                                       ✓     ✓       ✓       ✓
```

图 9-10 kubectl access-matrix 默认检查结果

图9-11示范的方式是切换不同的服务账号来检查，通过kube-system:namespace-controller这个身份去询问其相关的权限，可以看到CREATE/UPDATE这类操作都无法执行，只能执行LIST和DELETE两个操作。

```
± |master ✓| → kubectl access-matrix --sa kube-system:namespace-controller
NAME                                            LIST  CREATE  UPDATE  DELETE
apiservices.apiregistration.k8s.io              ✓     ✖       ✖       ✓
bindings                                              ✖
certificatesigningrequests.certificates.k8s.io  ✓     ✖       ✖       ✓
clusterrolebindings.rbac.authorization.k8s.io   ✓     ✖       ✖       ✓
clusterroles.rbac.authorization.k8s.io          ✓     ✖       ✖       ✓
componentstatuses                               ✓
configmaps                                      ✓     ✖       ✖       ✓
controllerrevisions.apps                        ✓     ✖       ✖       ✓
cronjobs.batch                                  ✓     ✖       ✖       ✓
csidrivers.storage.k8s.io                       ✓     ✖       ✖       ✓
csinodes.storage.k8s.io                         ✓     ✖       ✖       ✓
customresourcedefinitions.apiextensions.k8s.io  ✓     ✖       ✖       ✓
daemonsets.apps                                 ✓     ✖       ✖       ✓
deployments.apps                                ✓     ✖       ✖       ✓
endpoints                                       ✓     ✖       ✖       ✓
```

图 9-11 kubectl access-matrix 切换不同用户进行检查

9.2.5　Popeye 工具

最后介绍一个叫作 Popeye（卜派）的安全性扫描工具，该工具会帮助检查目标 Kubernetes 内所有资源的设置，从 Pod 的角度包含服务账号的使用、容器镜像标记的设置、资源的请求/限制（Requested/Limit）的设置等。

直接展示 Popeye 的功能可以更快地理解其用途，就如同前面所有的工具一样，通过 Krew 都可以轻松安装这些扩充模块。

安装方式一样简单，通过 Krew 可以轻松搞定：

```
$ → kubectl krew install popeye
Updated the local copy of plugin index.

Installing plugin: popeye
Installed plugin: popeye
\
  | Use this plugin:
  |   kubectl popeye
  | Documentation:
  |   https://popeyecli.io
/
WARNING: You installed plugin "popeye" from the krew-index plugin
repository.
    These plugins are not audited for security by the Krew maintainers.
    Run them at your own risk.
```

图 9-12 展示的是默认的 kubectl popeye 执行界面，一开始会先检查 GENERAL 与 CLUSTERS 两项。

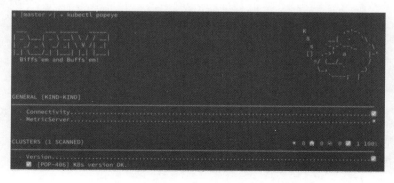

图 9-12　kubectl popeye 运行范例一

　　由于显示的内容过长，因此从中截取两个界面来示范不同的检查项目与资源，图9-13显示的是ROLES与ROLESBINDING的检查，图9-14显示的是没有通过检查的Pod资源，例如使用默认的ServiceAccount、使用root身份去运行、docker image tag没有设置、没有设置Readiness与Liveness这类Probe。

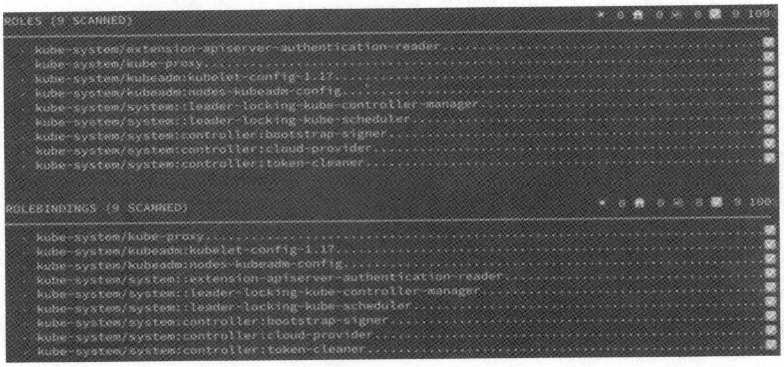

图 9-13　kubectl popeye 运行范例二

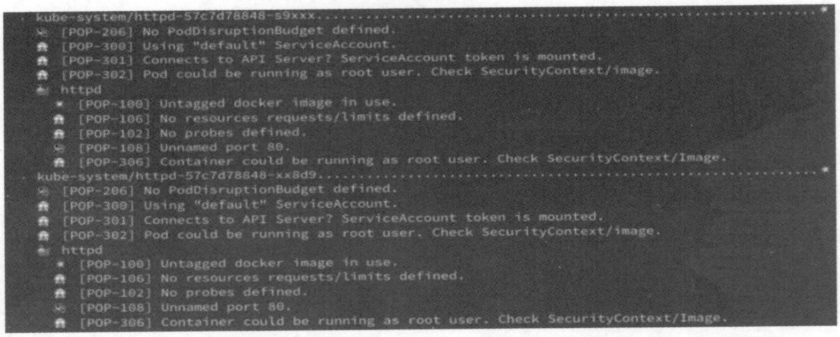

图 9-14　kubectl popeye 运行范例三

　　对这个工具感兴趣的话，可以参阅官网了解更多的使用方式，同时也可以使用这个工具检查一下集群内有哪些设置可以改善。

　　本节介绍了5款不同的kubectl扩充工具，每个扩充功能本身都是一个独立的可执行文件，因此即使不通过kubectl也可以单独执行。

　　借助Krew工具，用户可以有一个更为方便的管理系统去搜索、安装、删除这些被收录的扩充功能。在2021/04/01这个时间点上，Krew收集了大概130个扩充功能，读者可以到Krew的官方网站去看一下是否有感兴趣的项目，只要能够帮助开发与运维，都是一个好工具。

≫ 9.3　Kubernetes 第三方的好用工具

前面介绍的是kubectl生态系统的工具，本节要介绍的是其他好用但并没有被Krew收录的工具，这意味着要使用的工具不能通过Krew来安装，而是为每个工具寻找适当的安装方式来安装。

9.3.1　日志查看工具

熟悉Kubernetes的用户一定对于kubectl logs这个工具不陌生，通过kubectl logs可以很方便地将目标Pod内的特定容器日志给导出来。然而，在实际应用中会发现kubectl logs使用时会遇到一些问题。

举例来说，通过deployment等方式部署应用程序时，所有的Pod名称都会补上一个随机的名称，这些名称会导致用户通过kubectl logs去看资源时必须输入详细的Pod名称。

假如要部署一个拥有5个副本的应用程序，如果要通过kubectl logs指令来分别查看这5个Pod的日志，最简单的方式就是依次切换到这5个不同的Pod，并分别执行kubectl logs指令。

对于一个不习惯使用鼠标来管理集群的用户来说，每次都要复制这些Pod的名称，实在很烦人，而且工作效率低。

```
$ kubectl get pods
NAME                          READY  STATUS    RESTARTS  AGE
log-demo-6564f65698-947rv     1/1    Running   0         84s
log-demo-6564f65698-fglr9     1/1    Running   0         84s
log-demo-6564f65698-k5wtg     1/1    Running   0         84s
log-demo-6564f65698-rrvk4     1/1    Running   0         84s
log-demo-6564f65698-zhwlj     1/1    Running   0         84s
```

实际上可以通过-l参数根据label的方式来对比所有符合规则的Pod，这样可以通过一条kubectl指令一次浏览5个Pod上的日志，但是这种做法不太方便，因为大部分人都记不住这些应用程序的标签（Label），特别是这些应用程序可能是其他开发人员部署的，需要先通过kubectl get或kubectl describe等方式取得这些标签，再来同时查看多个Pod的日志。另一个缺点是当所有的日志数据同时出现时，没有办法很好地区分每一行日志来自哪个应用程序。

本节要探讨的是如何通过第三方工具来解决上述问题，让使用人员可以用简单的方式去查看多个Pod的输出结果，同时也能够清楚地分辨这些日志的来源。

市面上有众多的解决方案用于解决这一问题，例如Stern、Kube-tail、Kail等相关项目都提供了类似的功能，本节将介绍Stern这个工具及其使用方式。

从Stern的官网可以看到该工具的介绍如下：

Stern allows you to tail multiple pods on Kubernetes and multiple containers within the pod. Each result is color coded for quicker debugging.

The query is a regular expression so the pod name can easily be filtered and you don't need to specify the exact id (for instance omitting the deployment id). If a pod is deleted it gets removed from tail and if a new pod is added it automatically gets tailed.

When a pod contains multiple containers Stern can tail all of them too without having to do this manually for each one. Simply specify the container flag to limit what containers to show. By default all containers are listened to.

根据上述说明可以知道Stern这个项目有以下特色：

● 同时通过tail指令查看多个Kubernetes Pod与其内部的所有容器。
● 通过不同颜色的显示来区分，让用户可以分辨不同的来源。
● 通过正则表达式筛选想要查看的Pod。
● 在默认情况下会把Pod的所有容器日志都抓取出来，并可以通过参数来进行筛选。

第4个特点可以让我们使用时非常轻松，上述应用场景可以通过log-demo这样的方式去对比所有符合的Pod名称，而不需要去考虑任何的随机数名称。注意，想要同时查看多个Pod的日志时才会这样用，如果只是查看单个Pod的日志，不免还是要使用精准的名称。

安装方式非常简单，针对不同平台有不同的安装方式，可以使用包管理器去安装或到官方 GitHub Release Page[1]去下载每个平台的执行文件。

以上述范例来示范，有5个log-demo的Pod在运行，这时候执行stern log-demo指令来抓取这些Pod的日志，具体操作和执行结果如下：

```
$ stern log-demo
...
log-demo-6564f65698-zhwlj netutils Hello! 369 secs elapsed...
log-demo-6564f65698-fglr9 netutils Hello! 369 secs elapsed...
log-demo-6564f65698-947rv netutils Hello! 367 secs elapsed...
```

1 https://github.com/wercker/stern/releases

```
log-demo-6564f65698-k5wtg netutils Hello! 368 secs elapsed...
log-demo-6564f65698-rrvk4 netutils Hello! 369 secs elapsed...
log-demo-6564f65698-zhwlj netutils Hello! 370 secs elapsed...
log-demo-6564f65698-fglr9 netutils Hello! 370 secs elapsed...
log-demo-6564f65698-947rv netutils Hello! 368 secs elapsed...
log-demo-6564f65698-k5wtg netutils Hello! 370 secs elapsed...
...
^C
```

可以看到每行前面都以Pod的名称开头，接着才是真正的日志内容，另外可以搭配kubectl logs也会使用的参数，例如--since来调整时间区间，把它当作一个强化的kubectl logs来看待即可。

Stern这个工具目前最大的问题就是没有后续更新，最后一次发布已经是2019年的事了，但是其功能即使配上Kubernetes 1.20在使用上也没有太大的问题，根本原因还是在于Stern要做的事情很简单，只是为强化kubectl logs提供了不同的用法，也正因为专注的领域非常小，其本身的功能不容易因Kubernetes升级而不兼容。不过，也不能保证一直可以如此，也许某些日志相关的API被改动时Stern工具就无法继续存取而导致功能不能使用。

● 作者提示 ●

这类工具都是辅助 kubectl 的原生工具，提供了更多更强的使用方式。在日常工作中，对日志信息的收集与分析会使用如 EFK、ELK、Loki、Vector 等不同的解决方案来帮助团队打造一个完整的日志系统，这样可以沿用更长的时间，同时还可以通过操作面板（即仪表板）或 API 的方式提供更高级的存取与查询方式。

9.3.2　Kubernetes 操作面板

对于一个容器管理平台Kubernetes来说，如何让第一次接触的用户能够理解其用处？最好的方式就是尝试把一个应用程序部署到Kubernetes集群中，并让用户能够对其进行存取。网络上许多的教学文件都会使用Kubernetes Dashboard（操作面板，或称为仪表板）这个项目进行示范。通过Kubernetes Dashboard的界面，操作者可以在网页上浏览集群内的各种资源状态与事件，这些内容虽然通过kubectl指令都可以查看，但是对于非工程专业背景的人员来说，一个好用的界面能够提供更友好的操作方式，同时也避免了烦琐的指令输入。

除了Kubernetes Dashboard外，还有很多开源项目提供了类似的操作界面，让管理人员可以更加方便地操作Kubernetes集群，例如K9s[1]、Lens[2]等开源项目。

使用这类项目能够方便地在不同的使用环境、命名空间切换，直接执行kubectl exec、logs、attach、edit、delete相对应的功能，甚至还可以通过图表的方式来统计一些集群的资源。

下面将介绍K9s这款Kubernetes集群管理工具，推荐感兴趣的读者尝试使用一下K9s和Lens，看看这些工具是否可以取代日常kubectl指令的工作流程，能否提高整体的工作效率。

K9s的官网介绍如下：

> *K9s provides a terminal UI to interact with your Kubernetes clusters. The aim of this project is to make it easier to navigate, observe and manage your applications in the wild. K9s continually watches Kubernetes for changes and offers subsequent commands to interact with your observed resources.*

K9s基于终端（Terminal）的方式提供了一个友好的操作界面，让操作者可以通过键盘轻松地浏览与管理整个Kubernetes集群，包含切换使用环境、命名空间，修改、删除或编辑任何资源，查看日志与执行exec、attach等众多指令。

安装时可以使用不同操作系统上的包管理中心（即包管理器）来安装，或者直接到官网下载各平台事先编译好的执行文件。

使用起来非常简单，只要执行k9s这个指令就可以打开默认的操作界面，如图9-15所示。范例中总共部署了3个Pod，K9s列出了这3个Pod的一些基本信息，例如：

- Pod的名称。
- 有没有开启Port-Forward。
- 当前容器的就绪状态。
- 当前Pod的状态。
- 当前IP。
- 运行节点的信息。
- 存活时间

---

1 https://k9scli.io/

2 https://k8slens.dev/

图 9-15　K9s 默认的操作界面

　　这些信息其实都可以用kubectl工具来获得，但是操作起来可能相对烦琐，需要较多的指令。在操作面板上方是关于当前使用环境的信息以及相关按键的小提示，如图9-16所示。

图 9-16　K9s 上面的状态区

　　使用环境的内容来自于KUBECONFIG，所以会包含Cluster和User两项内容，同时还有目标Kubernetes的版本信息。

　　在默认情况下，操作面板显示的是Pod的信息，在按 ":" 键后就会进入切换模式，这时就可以输入各种不同的Kubernetes资源，如图9-17所示。

图 9-17　K9s 切换不同对象，如 ns

　　输入完毕后按Enter键进行切换，这时就会出现如图9-18所示的界面，可以通过K9s来管理不同的命名空间，单击这些命名空间再按Enter键就可以进入对应的命名空间内，可以继续查看相关Pod的信息。

Context: kind-kind
Cluster: kind-kind
User: kind-kind
K9s Rev: v0.24.4
K8s Rev: v1.17.0

Namespaces(all)[6]

NAME↑	STATUS	AGE
all	Active	n/a
default	Active	45h
kube-node-lease	Active	45h
kube-public	Active	45h
kube-system	Active	45h
local-path-storage	Active	45h

图 9-18　K9s 切换到命名空间资源

除了这些基本浏览方式外，想要查看特定Pod的日志信息也非常简单，通过键盘方向键选择一个目标Pod，接着按"1"键就可以打开日志界面，如图9-19所示。

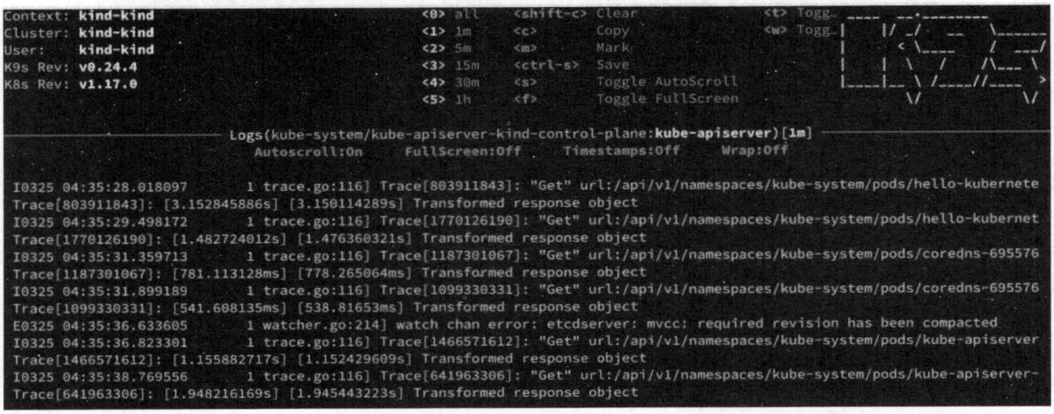

图 9-19 在 K9s 中可通过按 "1" 键来浏览日志

通过K9s这类工具可以帮助开发人员快速在不同使用环境、命名空间间切换，同时执行各种操作，当Pod内有初始容器（init-containers）或多个容器时，用K9s操作就能一目了然，而不需要使用kubectl -c xxx的方式去指定特定的容器，如果忘记了特定容器的名字，就要用多组指令来实现完整的操作。

Lens也是很棒的工具，提供了丰富的界面以及操作，感兴趣的读者不妨试用看看，只要能够帮助改善日常的工作流程，就是一个值得尝试的工具。

≪≪ 硅谷经验分享 ≫≫

使用这类工具虽然能够让使用人员减少不停输入 kubectl 指令的烦琐，但是在实际工作中很难保证接触到的环境都有这些工具。因此，我们还是需要掌握 kubectl 这款工具。举例来说，如果需要在持续集成/持续部署过程中根据 Kubernetes 的状态进行一些处理，这时候可能就需要使用 Kubectl 这款工具来帮助取得相关信息，而这些具有操作面板的交互式工具无法在持续集成/持续部署过程中使用。

这意味着这些具有操作面板的交互式工具并不能完全取代命令行界面的 Kubectl 工具。对于大部分使用人员来说，通过这些具有操作面板的交互式工具可以节省很多操作时间，但是对于自动化流程来说，Kubectl 还是一款最常使用的工具。

因此，在学习时笔者建议这两类工具都要掌握，如果真的要二选一，那么推荐以 Kubectl 为主，因为它的应用场景最多，几乎所有环境都可以使用。

9.3.3 其他工具

除了上述工具外，还有很多好用的工具值得读者去探索。下面粗略介绍一下每个工具的用途，感兴趣的读者可以尝试使用自己喜欢的工具。

1. Ksniff

Ksniff[1]工具可用于帮助管理人员录制目标Pod上所有的网络数据封包，其原理是上传一个预先编译好的tcpdump文件，并将抓取的封包内容直接与本地的Wireshark工具集成。

2. kube-ps1

如前所述，如果要使用kubectl ctx与kubectl ns等工具来管理Kubernetes集群，笔者强力推荐修改Shell Prompt来显示当前的使用环境信息，避免在错误的集群中执行指令。Kube-ps1[2]可以在Bash和Zsh两种环境中显示出Kubernetes相关的状态。

3. Kube Forwarder

如果工作过程中常使用kubectl port-forward来存取特定的服务，特别是需要在不同的集群中来回切换，可以考虑使用这套Kube Forwarder[3]工具来帮我们管理这些port-forward的规则，除了管理之外，还可以自动重连以确保连接不会断掉。

4. Kubecost

团队如果使用云计算环境构建Kubernetes，每个月都会看到相关的账单，而Kubecost[4]这款工具可用于帮助评估与计算当前Kubernetes设置与搭配的云计算架构大抵上的消费是多少，为团队提供一个好用的工具来估算任何架构的变化而导致的成本变化。

5. Kubespy

Kubespy[5]是一款实时的监控工具，可以帮助监控Kubernetes内发生的各种事件，例如针对Deployment部署时到底集群中发生了哪些事件，相关的事件顺序如何。使用这款工具有助于学习Kubernetes，可以直接从实战中观察到一些事件的变化。

---

1 https://github.com/eldadru/ksniff

2 https://github.com/jonmosco/kube-ps1

3 http://kube-forwarder.pixelpoint.io/

4 https://kubecost.com/

5 https://github.com/pulumi/kubespy

第 **10** 章
总　　结

本书前面的章节探讨了在Kubernetes的环境下，要如何打造一套持续集成/持续部署的Pipeline。短短一句话看似简单，实际上要打造一套符合团队需求的Pipeline并不简单。这个过程牵扯的对象不仅仅是运维人员、开发人员与测试人员，往往还会因为架构的改变需要对整个工作流程进行调整。

如同本书不停强调的概念，持续集成/持续部署的Pipeline永远没有一个标准答案，团队中任何的细小差异都可能导致不同的工作流程，同时云原生生态的发展速度与变化非常快，每隔几个月可能就有新的项目诞生，同时也会有些旧的项目因无人维护而被抛弃。

在这种情况下与其照猫画虎，不如学会钓鱼的真本领，掌握不同解决方案的思路与可行性。以此为基础去面对不同的项目时，才有办法针对项目的特色来分析与评估是否符合团队的需求。

在之前的章节中探讨了以下不同方面的主题，目标内容包括应用程序、开发人员与运维人员。

- 如何管理Kubernetes应用程序，包括使用Helm、Kustomize、原生YAML。
- 本地开发人员如果有Kubernetes使用的需求，那么该怎么做。
- Pipeline该怎么选择，SaaS与自行搭建各自的优劣。
- 持续集成Pipeline可以怎么做，如果有Kubernetes的需求，那么该怎么设计。
- 持续集成Pipeline要如何对Kubernetes应用程序进行测试，YAML可以对语法、语义等进行测试。
- 持续部署Pipeline有哪些方法，配上Kubernetes后有哪些参考方法。
- GitOps是什么，相对于过往的部署方式，优劣是什么。
- GitOps与Kubernetes的集成有哪些解决方案可以使用。
- 容器注册表的选择，SaaS与自行搭建各自的优劣。
- 自行搭建的容器注册表要怎么与Kubernetes集成，有哪些要注意的地方。
- Secret机密信息在自动部署时要如何处理。
- Secret机密信息的部署在Kubernetes中要如何处理。
- 通过第三方工具提升工作效率。

事实上，上面的每个主题都有跳不完的"坑"，每个主题都有良多解决方案，不论是开源解决方案，还是商业付费解决方案，都有不同的应用场景以及不同的使用时机。

接触一项新技术且想要尝试导入时，往往最困难的就是如何在"尽善尽美"的选择中挑选出一个最好的答案。

这部分工作除了需要技术的洞察力，通过分析不同软件的架构来判断问题外，还要有对自己团队工作流程的掌握力，一时无法决定时，还需要针对不同项目进行测试与实验，通过实际操作去检验实际应用的情况，再进行进一步的判断。

就如同 *CNCF End User Technology Radar* 关于持续提交（Continuous Delivery）调查报告中所说的，很多团队使用 Jenkins 是因为旧系统已经在使用，实在没有什么理由硬要把它换掉，权衡优劣之后决定旧系统继续使用 Jenkins，但是对于很多全新的项目，因为是全新的环境，就可以尝试不同的解决方法。

该文章也提到，很多公司都尝试过评估至少 10 个以上的解决方案（即项目），最后收敛到 3 到 4 个稳定使用的解决方案，几乎没有公司是一个解决方案打天下。不少团队看到没有一个合适的解决方案时，会自己动手开发符合自己应用场景的解决方案，之后甚至将其开源，为行业做贡献。

最后祝所有读者都能够培养出一套适合自己的思考方式，未来遇到任何问题时都能够顺利地面对与分析，从中找到痛点，为团队带来一个当前最适合的解决方案。